高职高专"十三五"规划教材

新型炭素材料加工技术

主　编　滕　瑜　宋群玲
副主编　李瑛娟　苏海莎

北　京
冶金工业出版社
2018

内 容 提 要

本书共分 8 章，主要内容包括概述、炭纤维及其复合材料、石墨层间化合物、富勒烯、碳纳米管、石墨烯、活性炭材料、其他炭材料。

本书为高职高专院校炭素专业的教材（配有教学课件），也可作为相关企业职工的培训教材及有关技术人员和管理人员的参考书。

图书在版编目（CIP）数据

新型炭素材料加工技术/滕瑜，宋群玲主编. —北京：
冶金工业出版社，2018.1
高职高专"十三五"规划教材
ISBN 978-7-5024-7662-5

Ⅰ.①新… Ⅱ.①滕… ②宋… Ⅲ.①炭素材料—加工—高等职业教育—教材 Ⅳ.①TM242.05

中国版本图书馆 CIP 数据核字（2017）第 317541 号

出 版 人 谭学余
地 址 北京市东城区嵩祝院北巷 39 号 邮编 100009 电话 (010)64027926
网 址 www.cnmip.com.cn 电子信箱 yjcbs@cnmip.com.cn
责任编辑 杨盈园 陈慰萍 美术编辑 杨 帆 版式设计 孙跃红
责任校对 郭惠兰 责任印制 李玉山
ISBN 978-7-5024-7662-5
冶金工业出版社出版发行；各地新华书店经销；三河市双峰印刷装订有限公司印刷
2018 年 1 月第 1 版，2018 年 1 月第 1 次印刷
787mm×1092mm 1/16；10 印张；239 千字；148 页
31.00 元

冶金工业出版社 投稿电话 (010)64027932 投稿信箱 tougao@cnmip.com.cn
冶金工业出版社营销中心 电话 (010)64044283 传真 (010)64027893
冶金书店 地址 北京市东四西大街 46 号(100010) 电话 (010)65289081(兼传真)
冶金工业出版社天猫旗舰店 yjgycbs.tmall.com
（本书如有印装质量问题，本社营销中心负责退换）

前　言

　　炭材料学科作为快速发展的学科领域之一，在世界范围内受到广泛关注。从 20 世纪 60 年代起以炭纤维为主要标志的新型炭材料的兴起，到目前金刚石薄膜、活性炭、石墨层间化合物、柔性石墨、核石墨、玻璃碳、富勒烯、碳纳米管、纳米金刚石、石墨烯等各种新型炭材料不断问世。随着新型炭材料密度小、强度高、刚度好、耐高温、耐腐蚀、抗辐射、高导电、高导热、线膨胀系数小以及生物相容性好等一系列优异性能的不断发现，其性能大放异彩，并大大拓宽了炭素材料的应用领域，特别是高科技产业中应用日益广泛。

　　碳元素是自然界中广泛存在的一种元素，具有多样性、特异性和灵活性。碳有石墨、金刚石、咔宾和富勒烯四种同素异形体。碳元素可以 sp、sp^2、sp^3 三种杂化方式形成结构和性质完全不同的固体单质，其中以 sp^2 杂化形成的碳质材料形式最为多样，很多新型炭材料基本都是以 sp^2 杂化为主，也包括了少量 sp 和 sp^2 杂化。sp^2 杂化碳原子形成以六元环为基元结构构成的平面结构石墨片层。当六元环石墨片层中存在一定数量五元环时，石墨片层就会发生弯曲而形成封闭碳结构，如存在 12 个五元环时会形成零维富勒烯；片层直接弯曲首尾相接就会形成碳纳米管；石墨片层按照一定规律排列就形成了石墨晶体，以单层单独存在或几层形式存在的石墨片层被称为石墨烯。当然也存在处于中间状态的无定形炭材料，如活性炭、活性炭纤维及炭气凝胶等。

　　纵观新型炭材料的发展历史，炭纤维及其复合材料开创了一个新的炭材料新世界，以石墨镶嵌非碳无机元素合成的石墨层间化合物，以 sp^2 型原子杂化轨道为主要碳键合结构的无定形碳，以及耐热高分子材料和碳学科的相互渗透而发展成的碳聚合物，还有可能将碳元素的独特性发挥到极致的碳纳米管和石墨烯等新型炭材料各大类别，因其具有优异的性能，必将在各个领域获得更加广泛的应用，在未来也必将全面走向工业实用阶段。

　　本书是在参考了大量的国内外文献，总结了编者在教学、科研工作中的成果，博采众长编写而成的。本书主要讲述了炭纤维及其复合材料、石墨层间化合物、富勒烯、碳纳米管、石墨烯、活性炭和金刚石薄膜以及碳分子筛等各种新型炭材料的基本结构性质、制备及合成方法、性能与应用等内容。本书由昆明冶金高等专科学校滕瑜、宋群玲担任主编，李瑛娟、苏海莎担任副主编。本书共分为 8 章，其中滕瑜编写了第 2、5、6 章，宋群玲编写了第 1、3、4 章，李瑛娟编写了第 7 章，苏海莎编写了第 8 章，张报清合作编写了 2.3、5.8 节，蔡川雄合作编写了 3.5、4.6 节。

本书在编写过程中，参考或引用了有关作者的文献资料，在此对文献作者表示诚挚的谢意。

本书配套教学课件读者可在冶金工业出版社官网（www. cnmip. com. cn）搜索资源获得。

由于编者水平所限，书中不妥之处，敬请广大读者批评指正。

编者

2017 年 8 月 28 日

目 录

1 概　述

1.1　碳及其炭材料

碳元素是一种平凡而神奇的元素，以多种形式广泛存在于大气和地壳中，在地壳中的含量为0.027%，能形成多种单质和千万种化合物。碳是地球上一切生物有机体的骨架元素。主要以煤、石油或它们的深加工产物等（主要为有机物质）作为主要原料经过一系列加工处理过程得到的一种主要成分是碳的非金属材料即为炭材料。人类进化以来，航天、航空等工业、医疗、能源和日用品中很早就开始利用各种炭物质和炭材料。

碳具有多样的电子轨道特性（sp、sp^2、sp^3杂化）（有关杂化的知识见附录2），能键合众多原子和分子，在纳米及微米尺度上以不同方式和取向进行堆叠和聚集，形成粒子、孔状、纤维状、薄膜状及块体材料，各种炭材料形成的结构示意图，如图1-1所示。再加之sp^2的异向性而导致晶体的各向异性和其排列的各向异性，因此以碳元素为唯一构成元素

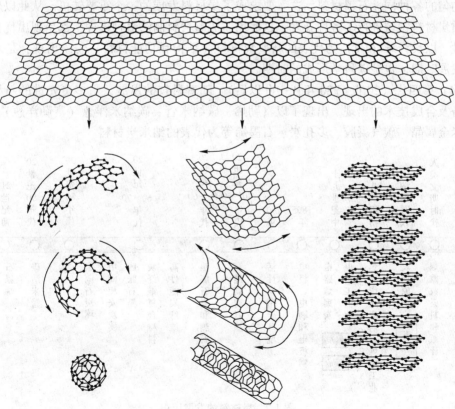

图1-1　各种炭材料形成的结构示意图

的炭材料具有的性质几乎包括地球上所有的性质，有的甚至是完全对立的性质。具有从最硬（金刚石）到最软（石墨），绝缘体（金刚石）、半导体（石墨）、良导体（热解石墨）、超导体（K_3C_{60}）以及绝热体（石墨层间）到良导热体（金刚石、石墨层内），全吸光（石墨）到全透光（金刚石、石墨烯）等各式各样的性质。炭材料具有和金属一样的导电性、导热性，和陶瓷一样的耐热、耐腐蚀性，和有机高分子一样质量轻，分子结构多样。另外，还具有比模量、比强度高，震动衰减率小，以及生体适应性好，具滑动性和减速中子等性能。这些都是三大固体材料金属、陶瓷和高分子材料所不具备的。因此，炭及其复合材料被认为是人类必需的第四类原材料。

目前，炭材料的发展已历经四代，如图 1-2 所示。

（1）第一代（5 千年~1 万年前）。木炭和煤是人类最早使用的炭材料，炭就被用作金属制造如炼铜和炼铁的还原剂和燃料。

（2）第二代（19 世纪）。出现烧结型炭材料（人造石墨）。随着电气工业的发展，炭材料作为特殊的导电材料登场，最初把炭骨架材料和有机黏结剂一起成型再炭化、石墨化，做成电池电极、电弧碳棒、电刷等小型成型石墨材料。之后，人造石墨材料做成电板可以用在电弧炉中制取电石及电炼钢，随之，碳电炭极也逐渐大型化起来。在此阶段，主要利用碳的物理性质如导电、耐热、耐腐蚀、耐摩擦等，用于炭砖、炼钢、炼铝等电极、电刷、各种机械、化工用炭、原子反应堆等领域。

（3）第三代（第二次世界大战后）。由于原子反应难开发，需要高密度、高纯度、且尽量均匀的各种同性石墨材料。这一要求成了炭材料发展的一个重要转机。从此以后，沿着均质炭材料领域进行了各种开发，这些均质成型材料制法多种多样，都呈现出优良的机械特性。以炭纤维（CF）为代表的新型炭材料（结构和功能材料）纷纷出现，是炭材料的大发展时期，也是碳科学形成的时期。

（4）第四代（20 世纪 80 年代中叶以后）。随着科技的发展，更多更先进的新型炭材料制备及合成技术的出现。出现了以富勒烯、碳纳米管、碳纳米洋葱（富勒洋葱）、碳包覆纳米金属晶、碳气凝胶、多孔炭、石墨烯等为代表的纳米炭材料。

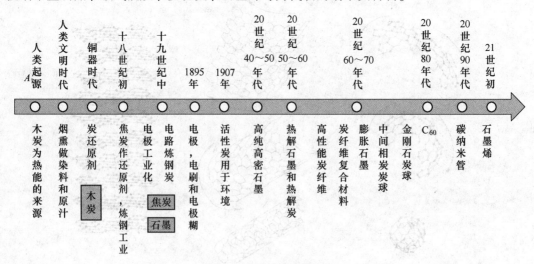

图 1-2　炭材料的发展历史

炭材料分为传统炭材料与新型炭材料两类。在历史的发展中传统的炭材料包括木炭、竹炭、活性炭、炭黑、焦炭、天然石墨、炭电极、石墨电极、炭刷、炭棒等。而根据使用的目的，通过原料和工艺的改变，控制所得材料的功能，开发出新用途的炭及其复合材料即称为新型炭材料。随着科学的进步，人们不断地发现和利用碳，对碳元素进行研究，又发明了许多新型炭材料，如图 1-3 所示。金刚石、炭纤维、石墨层间化合物、柔性石墨、核石墨、储能型炭材料、玻璃炭等，其中新型纳米炭材料包括富勒烯、碳纳米管、纳米金刚石、石墨烯等。

一些学者将新型炭材料根据制备或合成方法分为三类：一是强度在 100MPa 以上，模量在 10GPa 以上使用时不必后加工的方法制得的新型炭成型物；二是以碳为主要构成要素，与树脂、陶瓷、金属等组成的各种复合材料；三是基本上利用碳结构的特征，由碳或碳化物形成的各种功能材料。

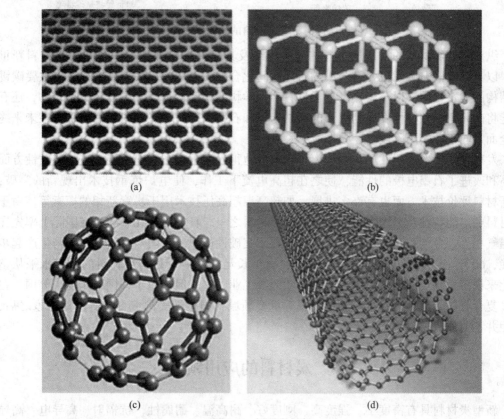

图 1-3　新型炭材料

（a）石墨烯；（b）金刚石；（c）C_{60}；（d）碳纳米管

1.2　新型炭材料的发展历史

20 世纪 50 年代以来，随着宇航工业的发展，新型炭材料得到了长足的发展，如图 1-4 所示，炭材料也作为一门独立的科学而存在。人们先后划时代地发明了低温气相生长金刚石、C_{60} 和纳米碳管标志着炭材料的极大发展进展。

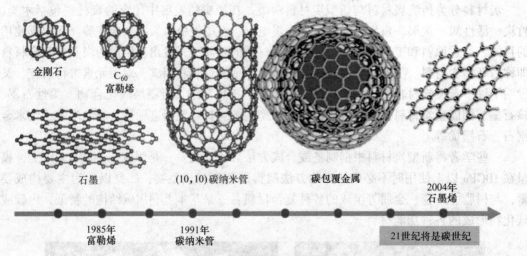

图 1-4 新型炭材料的发展历史

纵观新型炭材料的发展历史，首先炭纤维及其复合材料开创了一个新的炭材料新世界，以石墨镶嵌非碳无机元素合成的石墨层间化合物，以 sp^3 型原子杂化轨道为主要碳键合结构的无定型碳，以及耐热高分子材料和碳学科的相互渗透而发展成的碳聚合物，还有可能将碳元素的独特性发挥到极致的碳纳米管和石墨烯等新型炭材料各大类别，在未来终将全面走向工业实用阶段。

发现了石墨的插层性质，使锂离子充电电池得以实用化和飞速发展；在材料改性方面提高和改进了石墨电极的性能，使之在超高电流下工作，使电炉炼钢技术出现新的突破；在新材料评价技术方面也有许多进展，如超高温超高压技术用于炭素新相的探索等。由于炭材料突出的特性，美国将炭材料定为战略材料之一。日本最近几十年来在国际上率先在低温气相生长金刚石和纳米碳管等方面取得了突破性进展。我国炭材料的研究与生产起步较晚，60 年来，我国炭素工业从无到有，有了长足的发展。我国炭材料的研究水平从整体上来说落后于美国、前苏联、日本和欧盟等工业国家，但远超于韩国、印度、等国。在 C/C 复合材料、活性炭纤维、柔性石墨等重要领域我国紧随美国，日本等发达国家之后，差距并不明显。

1.3 炭材料的应用领域

新型炭材料具有密度小、强度高、刚度好、耐高温、耐腐蚀、抗辐射、高导电、高导热、热膨胀系数小以及生物相容性好一系列优点，而成为新材料研究的热点，其发展速度惊人，被誉为第四代工业材料。广泛应用于冶金、化工、机械、汽车、医疗、环保、建筑日常生活等领域，特别是航天和核工业部门不可缺少的功能和结构材料。例如（1）机械工业。轴承、密封元件、制动元件等。（2）电子工业。电极、电波屏蔽、电子元件等。（3）电器工业。电刷，集电体、触点等。（4）航空航天。结构材料，绝热、耐烧蚀材料等。（5）核能工业。反射材料，屏蔽材料等。（6）冶金工业。电极，发热元件，坩埚，模具等。（7）化学工业。化工设备，过滤器等。（8）体育器材。球杆，球拍，自行车等。

随着科技的发展，新型炭材料制备及合成方法众多，新型炭材料家族成员越来越多。

用于吸附剂的有活性炭、碳分子筛；炭的生物应用有炭纤维、石墨层间化合物；炭的环境应用有富勒烯、纳米管；炭基工业和能源产品包括炭基电池（天然石墨、树脂炭、碳管、石墨烯等）、大功率充放动力型锂电池电极材料如纳米碳/金属复合材料，以及超级电容器电极材料如石墨烯；还有利用炭的反应性开发的各种催化剂。既包括了传统的炭材料研究方向，又涵盖了当今新出现的炭材料研究热点。

由于当今对清洁高效能源的需求，近年来相当数量的研究集中在以多孔炭材料为原料制备储能器件如超级电容器、锂离子电池和燃料电池电极上。制备高效、性能稳定的炭电极是实现高能量密度、小型化储能器件的前提。目前在欧洲、美国和日本，围绕以炭材料为中心的能源和催化研究框架已初具规模。而中国在新型炭材料用于储能器件方面也受到越来越多的重视。

环境问题是当今全球备受关注的话题。人们日益感受到保护环境的重要性和迫切性。将炭材料用于空气及水中有机物的脱除、水中重金属离子的吸附回收以及氧化氮和硫化物的脱除。另外，与其他材料如氧化硅、氧化铝和过渡金属材料等相比，在整个催化领域中，炭材料所占的比重仍然较少。希望随着表征技术的发展及纳米结构多孔炭材料的成功制备从而推动炭材料在催化领域的发展。

由于炭材料的生物相容性，近年来炭材料在生物领域应用，包括医用器件及毒物学的研究日益得到重视。

锂离子电池是目前综合性能最为优良的二次化学电源，炭材料在锂离子电池中，除了常用作负极材料外，作为正极、负极电极材料的导电添加剂也起着非常重要的作用。炭材料是最早为人们所研究并应用于锂离子电池商品化的负极材料，至今仍是大家关注和研究的重点之一。

炭材料是最早也是目前研究和应用得最为广泛的超级电容器电极材料，主要包括活性炭、活性炭纤维、炭气凝胶、碳纳米管和模板炭等。尽管炭材料的高比表面积提供了极其丰富的表面电化学活性位，但体相物质依然不能参与电荷存储，因此从热力学本质上制约了超级电容器能量密度的提高。如何在保持超级电容器高功率特性的情况下，进一步提高其容量成为发展的关键，对于炭材料而言，就是如何有效调节其孔结构，同时增加体相电荷储存量。

碳纳米管和石墨烯等新型纳米炭材料都具有炭材料的基本特点，如较高的比表面积和电导率以及相对可控的孔隙结构，因此可望在锂离子电池和超级电容器等储能器件中获得广泛应用，而这些应用可望成为纳米材料应用的突破点之一。可以预见，纳米炭材料将在更高功率密度、更高能量密度、更高性价比的高储能材料领域获得广泛应用。

 复习思考题

1-1 炭材料的科学定义是什么？

1-2 炭材料的分类有哪些？

1-3 碳的存在形式和结构有哪几种，金刚石、石墨、富勒烯、碳纳米管、炔炭、无定形碳中的碳的存在形式分别是怎样的？

1-4 碳元素的杂化方式有哪些？

1-5 新型炭材料是如何发展起来的？

1-6 通常炭材料具有什么样的性质？

1-7 传统炭材料与新型炭材料的区别有哪些？

1-8 纳米炭材料有哪些？

1-9 简述新型炭材料在锂离子电池和超级电容器上有哪些应用？

2 炭纤维及其复合材料

2.1 炭 纤 维

2.1.1 概述

科学家们早在 19 世纪末就发现了纳米炭纤维，他们在研究烃类热裂解反应的同时发现在催化剂的表面生成了机其细小的纤维状物质，这是有记载的最早的炭纤维。自从 20 世纪 90 年代 Iijima 发现纳米碳管，由于其优异的物理和化学性能引起了研究者的广泛关注和深入研究，同时也促进了纳米尺度上的炭纤维的研究。

炭纤维（carbon fibers，CF），顾名思义，它不仅具有炭材料的固有本征特性，又兼具纺织纤维的柔软可加工性，是新一代增强纤维。与传统的天然纤维相比具有更低的密度、更高的强度和模量等优异的性能，因此在工业、航天航空等高科技领域得到广泛的应用。图 2-1 为工业用炭纤维。

炭纤维的制造和应用可追溯到 1860 年，为了研制灯丝，英国人首次制造了炭丝。1879 年，美国人爱迪生（Thomas Edison）首先发明了炭

图 2-1 工业用炭纤维

纤维作为电灯的灯丝；1959 年，美国联合碳化公司以胶黏纤维为原丝制成了名为 "Hyfil Thornel" 的纤维素基炭纤维；1962 年，日本炭素公司制备出低模量聚丙烯腈（PAN）纤维，1963 年英国航空材料研究所开发出高模量聚丙烯腈炭纤维，PAN 炭纤维于 1964 年工业化；而另一种炭纤维—沥青基炭纤维也于 20 世纪 60 年代发明，并于 1970 年实现工业化。炭纤维的制造技术随着航天及军工的需要而迅速发展。

炭纤维是有机纤维经过固化反应转变而成的纤维状聚合物炭，即小晶体聚集态非金属材料，因此它不属于有机纤维的范畴。目前，炭纤维分类方法可分为原丝种类、丝束大小、炭纤维性能、炭纤维功能以及制造条件和方法五类。

（1）按照原丝类型可分为聚丙烯腈炭纤维、沥青基炭纤维、粘胶基炭纤维以及木质素纤维、其他有机纤维基体等，其中聚丙烯腈炭纤维是当今世界炭纤维发展的主流，占炭纤维市场的 90% 以上。

（2）按照丝束的大小可分为工业级（大丝束，大于 48k（千根））和宇航级（小丝束，小于 24k）两种。

（3）按炭纤维性能可分为通用级炭纤维（拉伸强度小于 1.4GPa，拉伸模量小于

140GPa）和高性能炭纤维（高强度、高模量、超高强、超高模、高强-高模、中强-中模等）。

（4）按炭纤维的功能分为受力结构用炭纤维、耐焰用炭纤维、导电用炭纤维、润滑用炭纤维、耐磨用炭纤维、活性炭纤维等。

（5）按制造条件分为炭纤维、石墨纤维、活性炭纤维、气相生长炭纤维等。

炭纤维的主要产品形式有长丝、短切纤维、布料、预浸料坯，如图2-2所示。

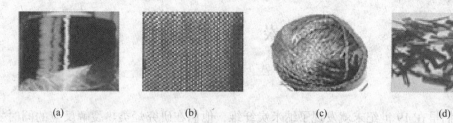

| (a) | (b) | (c) | (d) |

图2-2　炭纤维的主要产品形式
（a）长丝；（b）布料；（c）预浸料坯；（d）短切纤维

工业上常用的炭纤维的主要性能比较，见表2-1。

表2-1　几种常用炭纤维的性能比较

炭纤维	抗拉强度/MPa	抗拉模量/GPa	密度/$g \cdot cm^{-3}$	断后延伸率/%
PAN基	>3500	>230	1.76~1.94	0.6~1.2
沥青基	1600	379	1.7	1.0
粘胶基	2100~2800	414~552	2	0.7

2.1.2　炭纤维的结构

炭纤维是由有机纤维经碳化及石墨化处理而得到的微晶石墨材料。炭纤维的微观结构并不是理想的石墨点阵结构，而是类似人造石墨，属于"乱层石墨结构"。

炭纤维以无规的石墨片层结构为主要的堆积形式，其堆积片层与纤维轴向有一定的角度，并且炭纤维内部为实心结构，如图2-3所示。因此，炭纤维的基本单元是sp^2杂化的碳原子层面。炭纤维与普通炭纤维类似，由外皮层和芯层两部分组成，通过偏光显微镜观察，发现皮层的微晶尺寸更大，石墨化程度更高，其层面取向不仅平行于纤维轴，而且也平行于纤维表面，按圆周方向排列；由皮层到芯层，微晶尺寸大幅度减小，排列逐渐变得紊乱，结构明显不均匀，有研究者将此结构形象地描述为车轮的辐条结构。沿直径测量，皮层约占14%，芯层约占39%。一般认为尺度在100nm以下的材料称之为纳米材料，但是对于炭纤维的定义，目前没有统一的说法。对于气相生长方法制得的炭纤维的尺度一般为：直径为50~200nm，长度为50~100μm，长径比为100~500；而通过静电纺丝法能够制得长度更长，长径比更大的炭纤维。

2.1.3　炭纤维的性能

纳米级的炭纤维除了具有普通炭纤维的特性如低密度、高比强度（轴向）、高比模量

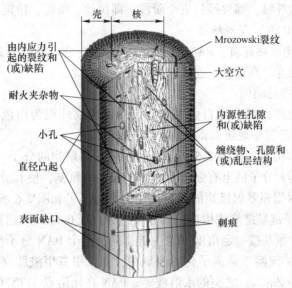

图 2-3 炭纤维结构示意图

等特性外，还具有缺陷数量少、比表面积大、直径小、导电性能好、结构致密、耐腐蚀疲劳以及热膨胀系数小、摩擦系数低、耐高低温等优点，表 2-2 列举了炭纤维热处理前后的性能指标。所有这些，都引起了科学家们对炭纤维研究工作的广泛兴趣。

表 2-2 炭纤维的性能

项目	拉伸强度 /GPa	拉伸模量 /GPa	断裂应变 /%	密度 /$g \cdot cm^{-3}$	热导率 /$W \cdot (m \cdot K)^{-1}$	电阻率 /$W \cdot (\mu\Omega \cdot cm)^{-1}$
热处理前	2.7	400	1.5	1.8	20	1000
热处理后	7.0	600	0.5	2.1	1950	55

但其耐冲击性较差，容易损伤，在强酸作用下发生氧化，与金属复合时会发生金属碳化、渗碳及电化学腐蚀现象。因此，炭纤维在使用前须进行表面处理。

目前，工业上常见的高强高模的炭纤维产品牌号及性能参数见附录一。

2.1.4 炭纤维的制备

最初的炭纳米纤维的制备方法与制备碳纳米管相似，都采用化学气相沉积的方法，它是通过裂解气相碳氢化合物制备的非连续石墨纤维。

目前最常见的炭纤维制备技术为固相碳化。随着炭纤维制备工艺的完善，科学家们对其他制备纳米材料方法的研究，出现了很多制备碳纳米纤维的新方法，如静电纺丝法、电弧法等。静电纺丝制备 PAN 纳米级原丝，并通过稳定化、碳化制备炭纤维是目前唯一可制得连续炭纤维的方法。随着静电纺丝工艺及设备的成熟，用静电纺丝法制备特殊功能的炭纤维必然会成为未来研究的热点。

2.1.4.1 固相碳化

到目前为止，制造炭纤维的原料主要是粘胶纤维、沥青及聚丙烯腈（PAN），无论用何种原丝纤维制造炭纤维，都要经过五个阶段，即拉丝、牵伸、稳定、炭化和石墨化。

A 聚丙烯腈（PAN）基炭纤维

了解 PAN 的结构及热性质、PAN 纳米纤维在热稳定化、碳化等过程的工艺及其结构变化有助于获得高强度、高模量、连续的炭纤维。

a PAN 纳米纤维的结构

PAN 纤维是由单体丙烯腈经自由基聚合反应而得到外观为白色粉末状的聚丙烯腈，如图 2-4 所示，然后经过熔融纺丝得到的 PAN 长丝。

PAN 大分子的结构式，如图 2-5 所示，和一般的高聚物的分子一样，PAN 的分子具有链状结构，由于其大分子链上有强极性和体积较大的氰基，使其分子间形成强的偶极/偶极力。Henrici 等根据氰基偶极矩的相互作用力，提出了如图 2-6 所示的 PAN 大分子结构模型，即 PAN 分子链呈螺旋式构造，其分布约为直径 0.6nm 的圆柱，由于分子内氰基基团的相互排斥力，氰基按一定角度围绕主链排列，整个 PAN 分子呈现刚性。分子间相互作用的结果使 PAN 仅溶于高离子化的溶剂中，如二甲基甲酰胺（DMF）、二甲基亚砜（DMSO）和无机盐（$ZnCl_2$）之类的水溶液等。PAN 在比熔点 317℃ 低得多的温度时就开始热分解，因此不可能进行熔融纺丝，要形成纤维只有依靠溶剂，通过湿法或干法进行纺丝。图 2-7 为制备炭纤维的 PAN 原丝纤维。

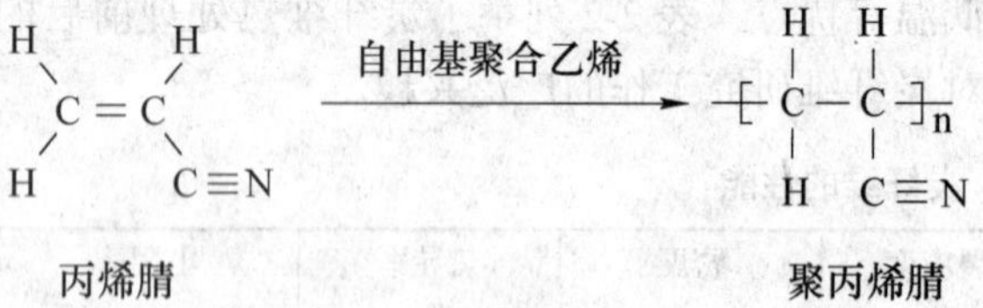

图 2-4 丙烯腈聚合反应 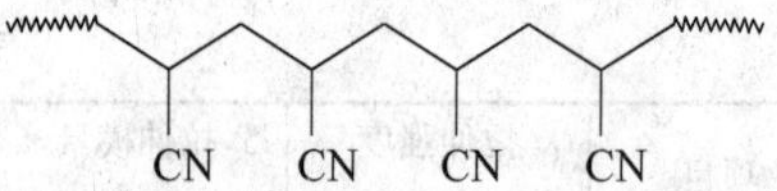   图 2-5 PAN 大分子的结构式

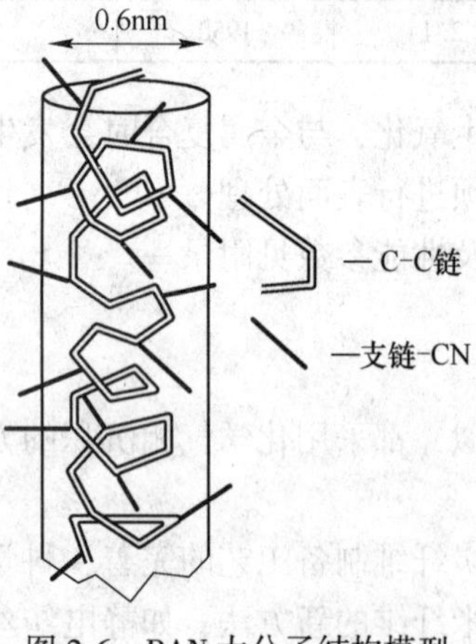

图 2-6 PAN 大分子结构模型   图 2-7 PAN 原丝纤维

PAN 原料的好坏直接影响制品性质的优劣以及制品的最终应用，而制备工艺中每一个环节都至关重要，影响着生产的稳定和产品的质量。

b PAN 纤维的热稳定化

在制取炭纤维时，为保护纤维形态，碳化前必须对 PAN 纤维进行预氧化，形成热稳定性好的梯形聚合物结构，使其热处理时不再熔融。PAN 纤维在氧气存在下进行热处理时，纤维颜色从白色经过黄、棕逐渐变黑，表明其内部发生了复杂的化学反应。通过对产生气体的分析以及预氧丝的红外光谱、元素分析及 X 射线衍射分析，一般认为发生了环化反应、脱氢反应和氧化反应，如图 2-8 所示。PAN 纤维预氧化时，除上述一些主要反应外，还有许多副反应发生。分析放出的气体主要是 H_2O、HCN、NH_3、H_2 等。

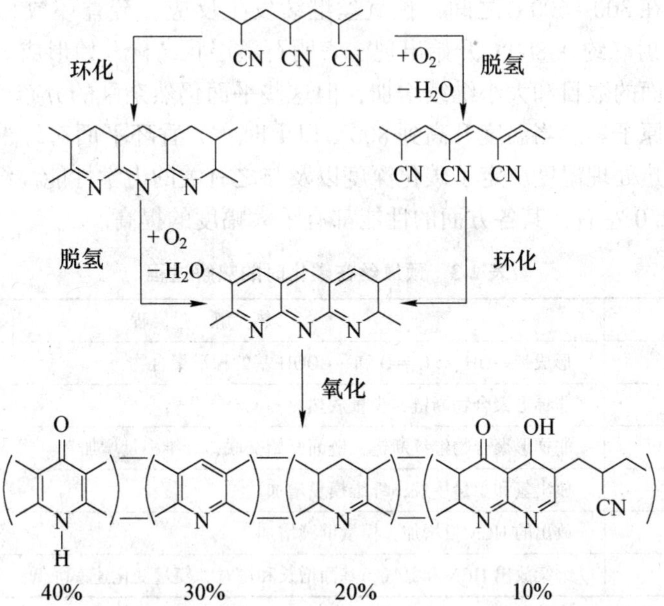

图 2-8 预氧化过程化学结构转变

PAN 原丝热稳定化的过程中，其物理变化（纤维颜色变化）始终伴随着化学变化（分子结构转变），这也是我们从宏观上认识 PAN 原丝预氧化程度的方法。一般认为，当温度升到 160℃ 时纤维开始变色，随着温度的升高，纤维逐渐由白色变为棕色、棕黑色最后变为黑色。虽然现在对 PAN 原丝在预氧化过程中的不同颜色对应的具体结构还存在着争论，但是普遍认为其变色是由于 PAN 大分子中的 C≡N 向 C=N 转化，而引起其对可见光光波的吸收向长波方向移动。

此外，不同的工艺条件（升温速度、保温时间、牵伸情况等）对 PAN 的预氧化结果有很大影响。纤维的过度预氧化将会产生氧化断键，氧与分子链中的碳原子键合形成 CO和 CO_2。特别是在高温碳化时，过量的氧会加速断链反应的进行。为了提高碳化收率和得到性能更好的炭纤维，必须选择最佳的预氧化条件，以控制适当的预氧化程度。预氧化程度太低，纤维不能形成稳定的耐热梯形结构，从而不能有效地防止分子链的碎片化，而且重量损失显著增加。相反，预氧化过度，则又会因聚合物主链中碳的损失而使碳化收率降低。

c 热稳定化纤维的碳化

PAN 基炭纤维的碳化处理一般在惰性气体的保护下进行。预氧化丝在惰性气体中热处理到 1000℃ 以上时，PAN 纤维中聚合物结构逐步向多晶碳的结构转变，此过程中梯形聚合物结构之间进行交联，非碳元素由纤维中排出。随着碳化温度的提高，其微晶进一步增大，取向度也相应提高。经过了碳化处理后的纤维，其力学性能随着热处理温度的提高发生了根本的变化。

　　预氧丝碳化时，热解过程大致见表2-3。随着一系列化学反应的发生，热稳定化纤维的结构也发生了如图2-9所示的变化。在300℃左右时，预氧丝中未环化的PAN继续环化，聚合物发生深度热解，并放出大量气体产物，此时已开始形成含共轭π键的六元碳环组成的平面。在300~600℃之间，预氧丝继续发生反应，芳香环数和其平面大小均增加，（002）面衍射峰约在800℃开始出现，表明石墨层状结构开始形成。当温度进一步提高时，芳香环平面的数目和大小继续增加，但这些平面仍然杂乱的分布，其中一些仍含有非碳原子，如氮原子等。当温度升高到800℃以上时，芳香环平面对纤维轴的择优取向显著增加。最终的热处理温度决定了碳化深度以及与之有关的力学性能。纤维的密度从原丝的1.18增加到2.0左右，其各方面的性能都有了大幅度的提高。

表2-3　预氧丝在碳化时的热解过程

温度	热解过程
220℃氧化	形成带—OH、>C═O和—COOH基的梯形聚合物
260~300℃	非梯形聚合物断链，少量放热
300~400℃	非梯形聚合物继续断链，链间开始交联，纤维模量增加
400~500℃	放出氢和少量甲烷，纤维模量增加
500~600℃	放出的HCN量增加，模量继续增加
700~1000℃	继续放出HCN和氮气，基面增长和增宽，模量变化速率降低

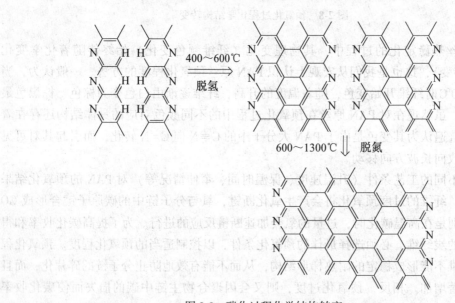

图2-9　碳化过程化学结构转变

d　炭纤维的石墨化

　　经预氧化、碳化后所得到的PAN基炭纤维一般具有较高的强度，如果要获得较好的模量，还需要在更高的温度下处理碳化后的纤维，即石墨化。石墨化的目的主要是为了获得高模量和高强度的高性能炭纤维，又称为石墨纤维。

石墨纤维在国防建设和国民经济中有着广泛的用途，它是制造宇宙飞船、航天飞行器、卫星、军用飞机以及民用复合材料中不可缺少的原料。

石墨化工艺是碳化后的纤维在高温炉内惰性气体（如氩气）的保护下，经 2000~3000℃ 石墨化处理后，进一步脱除 5% 左右的非碳元素，碳原子进一步富集，使纤维含碳量（质量分数）高达 99%~100%。同时，伴随纤维内部结构的转化，石墨微晶结构单元直径增大，层间距 d_{002} 减小，表观微晶尺寸 Lc 和 La 增加。"乱层结构"向石墨晶体结构有序转化，如图 2-10 所示。

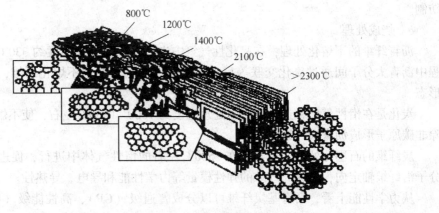

图 2-10　炭纤维微晶随温度的变化示意图

B　沥青基炭纤维

沥青基炭纤维在 20 世纪 60 年代初由日本学者大谷杉郎首先研制成功，沥青基炭纤维为继聚丙烯腈基炭纤维之后又一新型炭纤维材料。

沥青是一种以缩合多元芳烃化合物为主的低分子烃类混合物，其中含碳量在 70% 左右。沥青基炭纤维是以燃料系或合成系沥青原料为前驱体，经调制、成纤、烧成处理而制成的纤维状炭材料。用沥青做成的炭纤维有两种：通用级沥青炭纤维和各向异性高模量纤维。与 PAN 炭纤维相比具有高热导率（中间相沥青纤维的热导率高达 600~800W/m·K）、热膨胀系数低，耐冲击性好，资源丰富、碳收率高等优点。

由于沥青成分复杂，是一种混合物，因此沥青需要调制与精化。沥青基炭纤维的制备工艺，如图 2-11 所示。

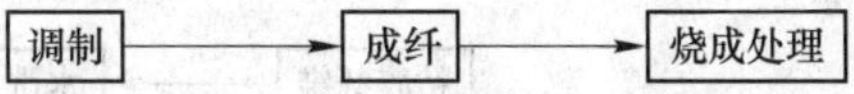

调制 → 成纤 → 烧成处理

图 2-11　沥青基炭纤维的制备工艺

a　调制

沥青调制是沥青炭纤维制造中的一项重要工艺步骤，原料沥青经热致和溶致等主要调制手段，得到的调制沥青可作为纺丝沥青。沥青调制处理是使调制成的沥青的组成结构尽量整齐均匀的处理工艺。调制成的纺丝用沥青原料，一般分为两类：普通纺丝用沥青（各向同性沥青）和高性能纺丝用沥青（中间相或潜在中间相型沥青）。原料来源不同，其调制将会涉及多项化学化工技术，诸如沥青的氧化、氢化、树脂化、晶质化等方法。

（1）普通沥青基炭纤维（GP-PCF）的纺丝用原料：将原料沥青的杂质微粒（4μm）去除后经加热处理，制成软化点 180℃ 以上的沥青。

（2）高性能沥青基炭纤维（HP-PCF）纺丝用沥青：原料沥青经过一系列预处理除去

杂质，精制，再在调整压力下加热处理，使其中的稠环芳烃分子缩合成中间相小球，并进一步融并成具有可纺性的中间相体，以此作为纺丝用沥青。

b　成纤（纺丝）

调制得到的纺丝用沥青，可应用熔融纺丝原理纺成沥青纤维。

普通纺丝用沥青纺成短毛型纤维或直接成毡，所用的成纤方法有涡流纺、喷纺、离心纺等。

高性能纺丝用沥青多纺成连续沥青长丝，大体上可采用化纤纺丝设备进行连续长纤维纺制。

c　烧成处理

沥青纤维的不熔化处理，在氧化性气氛中进行，最高处理温度约330℃左右。在此过程中沥青大分子间通过氧化交联等反应，使沥青纤维转变为不熔化纤维，由此保持纤维形态。

炭化是在惰性气体中进行，通常处理温度为1000~1500℃左右，使不熔化沥青纤维排除非碳原子形成沥青炭纤维。

炭纤维的石墨化处理，通常是在2500℃左右的惰性气体中进行，促进沥青多环芳烃分子沿纤维轴定向，以提高纤维的弹性模量等力学性能和导电、导热性。

从力学性能上看，沥青基炭纤维可以分成普通级（GP）、高性能级（HP）以及介于GP与HP之间的中等性能级等几类。

普通沥青基炭纤维为光学上各向同性的炭纤维，力学性能较低。

高性能沥青基炭纤维则为光学各向异性的炭纤维，抗拉强度和模量等力学性能很高。

C　粘胶基炭纤维

18世纪中期，斯旺和爱迪生发明的粘胶炭丝的制造方法为后人继续研制粘胶基炭丝奠定了基础。1891年，美国人克罗斯和贝文发明了粘胶纤维。粘胶基炭纤维的生产在美国和俄罗斯有一定的发展，特别是在军工和航天设备的生产上有独特的价值。

生产粘胶基炭纤维的原料主要有木浆和棉浆。天然纤维素浆调配制成纺丝液，用湿法纺制成粘胶连续长丝。粘胶纤维经水洗和浸渍催化剂后，再经预氧化和炭化工序就可转化为炭纤维，如图2-12所示。

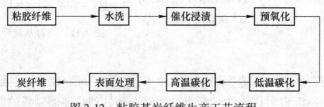

图2-12　粘胶基炭纤维生产工艺流程

（1）催化浸渍。催化浸渍主要是浸渍催化脱水剂。

（2）预氧化工序主要是在催化剂的作用下进行脱水、热裂和结构转化，使白色粘胶纤维转化为黑色预氧丝，并赋予其阻燃性。

（3）低温碳化工序发生的反应主要是深度脱水、热裂和芳构化，此时逸出的废气和产生的焦油相当多。

（4）高温碳化工序产生的废气和焦油就少得多。

浸渍催化剂和预氧化处理是制造粘胶基炭纤维的重要工序，是由有机纤维粘胶丝转化为无机炭纤维的关键所在。

粘胶基炭纤维具有以下特点：

（1）粘胶基炭纤维的比重要比 PAN 基或沥青基炭纤维的小。

（2）粘胶丝转化的碳属于难石墨化炭，层间距 d_{002} 大，石墨微晶不发达，取向度低，耐烧蚀。

（3）碱、碱土金属含量低，热稳定好。

（4）粘胶基炭纤维的模量低，断裂伸长大，具有一定的韧性，深加工的工艺性好。

（5）粘胶基炭纤维是由天然纤维素木材或棉绒转化而来，其生物的相容性极好。这是 PAN 基或沥青基炭纤维无法与其比拟的。

2.1.4.2 其他方法

最初的炭纤维的制备方法与制备碳纳米管相似，都采用化学气相沉积的方法，它是通过裂解气相碳氢化合物制备的非连续石墨纤维。随着炭纤维制备工艺的完善、科学家们对其他制备纳米材料方法的研究，出现了很多制备炭纤维的新方法，如静电纺丝法、电弧法等。

目前制备纳米炭纤维的方法多为化学气相沉积法（CVD），该方法简单易行，可以制备不同形貌的炭纳米材料，仔细控制生长条件，可得到章鱼状、螺旋状和直形规则排列等各种形貌的炭纤维；静电纺丝—后处理法也是一种适合大批量制备炭纤维的方法，该方法可以制得连续、具有更大长径比的炭纤维；另外，电弧法、激光烧蚀法等也是常用的制备方法。

A 化学气相沉积法（CVD）

化学气相沉积法的原理是很简单的，将两种或两种以上的气态原材料导入到一个反应室内，在催化剂的作用下相互之间发生化学反应，形成一种新的材料。该方法制备炭纤维是通过高温、高压裂解气相碳氢化合物实现的。其催化剂为过渡金属 Fe、Co、Ni 及其合金，炭纤维的直径取决于催化剂颗粒的大小，而且炭纤维的一端都以一颗催化剂封口，但是催化剂微粒不一定全部都位于纤维的端点，有的位于纤维的中部。可以看出，图 2-13 中的炭纤维端头为金属催化剂颗粒。这表明炭纤维可以在同一颗催化剂微粒的不同晶面上同时在不同方向生长，而且生长速率在不同的方向上是相同的。此外，有关研究人员还发现在催化剂中掺杂一定比例的铜粉，对催化剂晶面的活性有促进作用，有助于炭纤维的生成。

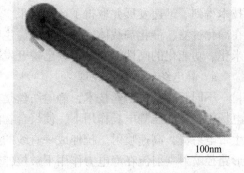

100nm

图 2-13 炭纤维端头金属催化剂颗粒

化学气相沉积法根据采用的工艺不同主要有基本法、喷淋法、气相流动催化法等三种方法。

（1）基本法。在陶瓷或石墨基体上均匀散布催化剂颗粒，高温条件下通入碳氢化合物气体，热解出炭纤维。

（2）喷淋法。将纳米催化剂颗粒分散到有机溶剂中，然后喷淋到高温反应室内，制备出纤维。

（3）气相流动催化法。将催化剂前驱体加热气化，并与烃类气体一同引入反应室，分解的催化剂聚集成纳米颗粒，烃类热解产生的碳在催化剂颗粒上生成炭纤维。

基本法可以制备出纯度比较高的炭纤维，但是催化剂颗粒纳米化比较困难，因此制备的炭纤维直径较粗，而且难以实现工业化生产；喷淋法可以实现催化剂颗粒连续喷入，为工业化生产提供了可能，但是催化剂在喷淋的过程中团聚现象严重，因此制得的纤维纳米比例较小；气相流动催化法同时解决了以上两个问题，目前已经可以实现工业化生产，是三个方法中最好的方法。

B　静电纺丝法

传统的微米级炭纤维如 PAN 基炭纤维、沥青基炭纤维等是通过纺丝制得的。要想得到纳米级的炭纤维，还得寻求其他方法。通常，纳米纤维的制备方法有熔融拉伸法、海岛型双组份复合纺丝法、模板法、分子喷丝板纺丝法、气相沉积法、自组装法及静电纺丝法。和另外几种方法相比，静电纺丝法设备简单，且具有制备连续纳米纤维材料的优点。

18 世纪 40 年代，Bose 通过对流体的液滴施加高压电场的方法制备了悬浮微粒，这是静电纺丝技术的雏形。直到 20 世纪 30 年代，Anton Formhals 和他的工作小组用高压静电技术纺出了颗粒状的物质，这标志着静电纺丝技术的诞生。但是由于当时静电纺丝所制备的纤维直径太小、强度差且效率太低，一直未能得到实际的关注和应用。直到近十几年，随着纳米制备技术的发展和新型纳米材料的诞生，具有纳米尺寸、高孔隙率和高比表面积特性的纳米纤维使静电纺丝技术再次受到广泛关注。

该技术将聚合物溶液或熔体带上几千至上万伏高压静电，带电的聚合物液滴在注射器（毛细管）的顶点为了克服静电斥力喷射而形成细流。这种方法可以通过控制不同的工艺来控制纤维的粗细等等参数，并且投资成本小。

短短十几年时间里，从静电纺丝原理的解析到其整个成型过程的计算机模拟，从更高比表面积的多孔纳米纤维的制备到高取向度、高结晶度纳米纤维的获取，从混杂功能纳米纤维到纯无机纳米纤维材料的开发，从实验室的基础研究到工业化生产的实现，静电纺丝技术得到了迅速发展并取得了巨大成果。目前利用静电纺丝技术制备出的纳米纤维材料已在净化过滤、催化剂载体、抑菌防护、生物医学等领域得到逐步应用，并且一系列具有纳米化、功能化的高性能新型材料已被开发应用。

a　静电纺丝的基本原理

不同于常规的纺丝技术，静电纺丝是将聚合物溶液或熔体置于几千至几万伏的高压静电场中，在高压静电场作用下，使聚合物溶液或熔体表面上的电场力克服其表面张力，产生带电射流，高速喷射。拉伸成一直线的射流至一定距离后发生鞭动，之后沿螺旋形或环形路径喷射。射流在静电力作用下被拉伸数千倍至数百万倍，相应的射流直径由几个微米减小到十几个纳米。在溶剂挥发或熔体固化后，所得的纤维以无纺布的形式可以被收集在不同形式的接收装置上。

静电纺丝设备的组件主要包括高电压源、纺丝泵、喷丝头和收集器等，图 2-14 所示。高压电源输出的直流电压为 0 ~ ±50kV，产生射流拉伸所需的静电场。纺丝泵输送纺丝液并控制其流速，单喷头静电纺丝设备，通常纺丝液的流速为 0.1 ~ 10mL/h，其产量很小，因此获得具有一定面积的可使用的纳米纤维材料需要较长时间。纺丝液的输出口为喷丝头，其内径一般为0.1~2mm。在实验装置中，静电纺丝的喷丝头多采用磨平的不锈钢针头，这样，喷头可直接与高压电源相连，无需另外的电极。为提高静电纺丝的效率，目前已开发出了多喷头装置和喷丝板装置，这使得静电纺丝技术得以工业化应用，如图2-15所示。为获得无纺、图案化、交叉编织和平行排列的纳米纤维材料，满足人们对纳米纤维排列取向的要求，设计者们开发出了各种各样的用于接收纳米纤维的接收器。

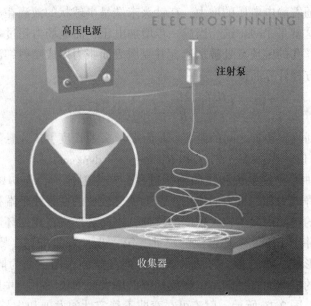

图 2-14　静电纺丝成型原理图

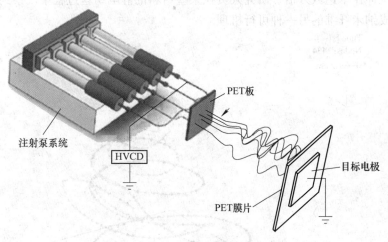

图 2-15　多针头静电纺丝装置示意图

由静电纺丝制备出的纳米纤维材料，比普通方法制备的纤维材料的直径小1~2个数量级。纤维直径的纳米化给材料带来了很多新的特点，例如：大幅度地提高了纤维材料的比表面积（从$10m^2g^{-1}$到$1000m^2g^{-1}$）。这些新的性能使纳米纤维在电子计算机、环境保护、纺织工业以及生物药物载体和创伤修复等方面体现出巨大的优势。

　　静电纺丝基本过程可分为以下三步：

　　（1）射流产生和射流沿直线延伸。如图 2-14 所示，首先将纺丝液装在注射器中，在注射器针头施加几千至几万伏的高压静电，并将接收装置接地，从而在喷丝针头和接收装置之间形成一个强大的电场。而位于注射器针头的聚合物溶液液滴由于大量同种电荷的堆积，这些电荷在液滴表面产生巨大的电场力（相同电荷相互排斥）以克服溶液的表面张力。如果电场力的大小等于纺丝液的表面张力时，带电液滴就会悬挂在注射器针头的末端并处于平衡状态。随着静电电压的增大，在针头末端呈半球状的液滴在电场力的作用下将被拉伸成圆锥状，这就是 Taylor 锥。当进一步增加电压，而电场力超过一个临界值后，带电液滴将在针头喷丝孔的锥顶点处被加速，并克服表面张力形成喷射细流。产生射流的临界电压可由 Taylor 方程计算而得：

$$V_{\mathrm{c}}^2 = 4\,\frac{H^2}{L^2}\left(\ln\frac{2L}{R} - 1.5\right)(0.117\pi r\gamma) \tag{2-1}$$

式中，H 为喷丝口到收集装置之间的距离，L 为喷丝头的长度，R 为悬滴的半径，γ 为液滴的表面张力。（单位：V_{c}：kV，H、L 和 R：cm；γ：dyn/cm）。

　　（2）射流的弯曲不稳定生长和拉伸细化过程。产生射流后，在初始某一距离范围内其沿直线生长。在静电力和趋重力的作用下，射流会较快的在直线下端鞭动。射流可以在这种鞭动下在较小的空间内发生较大程度的拉伸，进而会形成自相似环形流。形成的每个循环又可分三步，并小于下一个环形流的尺寸。第一步，弯曲排列（鞭动）自平滑直线段或稍微弯曲段的形成；第二步，弯曲的线性排列在拉伸作用下变为周长增加的螺旋环流；第三步，环流的横截面直径随每个螺旋环流的增大而增长较小，并且第一步的条件可沿着环形流处建立，图 2-16 所示。射流可在弯曲不稳定性的发展和生长过程中不断细化，进而会使其拉伸比率达数万倍。研究人员在某些材料的静电纺丝过程中观察到了射流的分裂，这是形成纳米纤维的另一种可行机理。

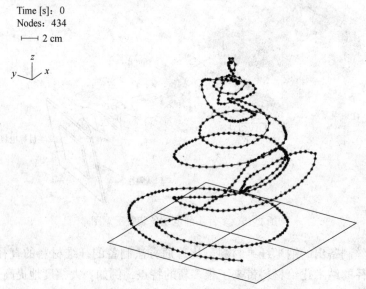

图 2-16　静电纺丝过程中射流弯曲增长的模拟图

　　（3）射流固化形成纳米纤维。在电场力的作用下带电射流飞向接地的接收装置，在溶剂挥发或熔体冷凝后，射流最终固化为纳米纤维并逐层以螺旋形堆积到接收器上，应用不同种类的接收器可以得到管状、膜状或棉絮状等不同形式的材料。

　　b　静电纺丝的影响参数

　　静电纺丝的过程的原理涉及高分子科学、电工学、应用物理学、化学工程、流体力学、材料工程和流变学、机械工程，因此静电纺丝的工艺参数较多。这些参数可分为三大类，即纺丝液性质、可控变量和环境参数见表 2-4。每个参数均对静电纺丝过程产生较大的影响。

表 2-4　静电纺丝的工艺参数

纺丝液性质	聚合物的种类、分子量的大小
	溶剂的极性、挥发性和沸点
	纺丝液的电导率、黏度和表面张力
可控变量	高压静电场的类型，电场强度的大小
	纺丝液的流速
	喷丝口到收集器之间的距离
	收集器的相关参数（转速、温度等）
环境参数	环境温度
	环境湿度
	空气流速

　　能否成功制备纳米纤维，其纺丝液的性质是首要因素。由静电纺丝原理可知，射流上的作用力包括静电场力、表面张力和重力。射流拉伸过程中，表面张力是其主要阻滞力。低表面张力的纺丝液易拉伸成丝，较高表面张力的纺丝液的拉伸则需较高的电场力，若电压较低，则拉伸不充分，易形成纺锤形的纤维。在纺丝过程中，聚合物的表面张力过高时，喷射流极易断裂而形成小球，在这种情况下即使电压继续升高也不能成丝。

　　在静电纺丝参数中，表面张力的调控主要通过改变纺丝液的黏度来实现，即根据聚合物的分子结构选择合适的溶剂体系。首先若要得到均一的纺丝液，则要选择极性较强的溶剂作为聚合物的良溶剂。在一定范围内，随着聚合物浓度的升高，纺丝液的黏度变大，纺丝液中的固含量也随之升高，最终得到直径偏粗的纤维；随着聚合物浓度降低，纺丝液黏度随之降低，最终得到串珠状的纤维。然而溶液黏度的增加不会一直使射流直径增加，适中的溶液黏度范围，会使射流直径达到最大，在较高和较低黏度范围下，较细射流比较容易形成。对于低分子量的聚合物，为得到适宜的纺丝液黏度，需要将其配成较高的浓度才可以成丝，并且其黏度的调节范围较宽。如果纺丝液为高固含量溶液时，则低分子量的聚合物配成的纺丝液会有较快的成丝速率。对高分子量的聚合物而言，为得到适宜的纺丝液黏度则需要用更多溶剂，这样才能获得直径为纳米尺度的连续纤维。多种聚合物静电纺丝的实验结果表明，一般情况下分子量在 7~15 万左右的聚合物，配成质量体积比为 15%~25% 的纺丝液，静电纺丝最易于进行。

　　纺丝过程的稳定性和纤维的表面形貌受溶剂种类的影响较大。首先溶剂种类的选择需要依据聚合物的极性。通常，静电纺丝是在室温或温度略高于室温的环境下进行的，因此三氟乙醇、六氟异丙醇等沸点在 80℃ 左右的溶剂最适合于静电纺丝。二氯甲烷（DCM）、氯仿、甲醇、乙醇以及四氢呋喃等溶剂挥发速率较快的沸点低溶剂，常使得纤维提前固化成较粗的纤维，并在纤维表面会留下较多的孔洞而使得材料形成表面多孔的纳米纤维，与此同时这也容易使悬垂在喷丝口出的微滴凝结成块，使喷丝口堵塞，从而中断静电纺丝过程。当采用 N、N-二甲基甲酰胺（DMF）、N、N-二甲基乙酰胺或乙二醇等高沸点的溶剂时，静电纺丝过程较为稳定，得到直径较细的纤维，但这些溶剂能长期残留在纤维的内部，使得固化沉积在收集器上的纤维容易形成纤维之间的溶并和材料的收缩，有机溶剂的残留使得纳米纤维材料的性能及应用特别是在生物医药领域的应用受到了较大的限制。目前，越来越多的研究人员通过调整高低沸点溶剂之间的比例，采用混合溶剂体系来进行纺丝，这样既能获得稳定化的静电纺丝过程，又能使溶剂残留少，得到纤维直径小的纳米纤维，如图 2-17 所示。值得注意的是，在进行聚合物溶液静电纺丝时，会有大量的有机溶剂挥发到空气中污染环境，因此应尽量选用较低毒性的溶剂体系。此外，导电性越好的溶液，越有利于产生较多的诱导电荷，从而产生的电场拉伸力越大，这有利于形成更细的纤维。静电纺丝液多使用有机溶剂体系，为较大程度的提高纺丝液的导电性，往往在聚合物溶液中加入少量的小分子盐，随着电导率的增加，纺丝液中的电荷密度随之增加，这可明显减小所形成的射流直径，使其所需的最小临界纺丝浓度相应的减小，这样可制备出较为均匀的纳米纤维。

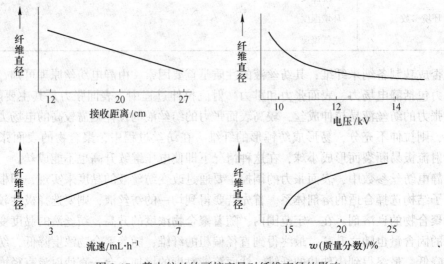

图 2-17　静电纺丝的可控变量对纤维直径的影响

可控变量对静电纺丝纤维直径的影响较为简单，多数情况下遵循相同的原则。固定其他参数，随喷丝头与接收器之间距离的增加，纳米纤维在空气中的飞行距离延长，纤维直径有所下降。较短的接收距离不利于溶剂的充分挥发，太远则不利于纳米纤维的收集，一般接收距离为 5~20cm。固定其他参数，增大静电压，电场强度增加，作用于射流的静电拉伸力增加，射流不断细化并使得纤维直径随之下降。当电压超过一定程度时，射流将会产生更为明显的不稳定性，导致纤维直径分布变宽。当电压接近 30kV 时，无论环境干燥还是潮湿，高压端都易对空气放电，损失大量电荷，使静电纺丝过程变得危险，因此一般选用 5~20kV 的电压即可。此外，在正电压场下纤维表面电荷容易释放，而负电压场能提供较为稳定的电场力，两者对不同的聚合物静电纺丝有着不同影响，这可能与聚合物的介电性能有关，即电荷从已成型纳米纤维上的释放速率。

接收装置对纳米纤维的排布方式有很大的影响。为控制纤维的排布方式，获得平行排列的纳米纤维束或纳米纤维膜，研究者们设计并制造出各种各样的收集装置，如高速转筒型、铁饼型、框架型、双环型、凝固浴型以及引入辅助电极型等。然而，在静电纺丝过程中，射流沿螺旋形方向生长，而且由于电荷残留，纳米纤维之间存在一定程度的干扰作用，静电纺丝本身的这些问题大大增加了纳米纤维规整排列型材料制备的难度。此外，虽然上述接收装置无法实现规模化，但是为未来静电纺丝的工业化提供了很好的理论基础。

环境变量对静电纺丝也有着不可忽视的影响。纺丝液的黏度、表面张力和电导率会直接受到温度变化的影响，即使很小的变化也会影响所得纳米纤维的可控性。随静电纺丝的环境温度的升高，溶剂挥发加快，纤维中溶剂的残留减少。但过高的温度会引起溶液喷头处凝结，不利于静电纺丝的连续性。不同类聚合物纳米纤维的表面形貌受空气湿度的影响较大。潮湿的环境会引起亲水性聚合物纤维的溶胀和纤维之间的溶并，理论上可实现纤维材料的物理交联，但这种方法的可控性是非常差的，在实际操作中，对于亲水性聚合物应当尽可能地避免其吸水受潮。对于疏水性聚合物，当空气湿度低于 25% 时，可以得到表面平滑的纳米纤维；而当空气湿度高于 30% 时，则会在纳米纤维表面产生多孔结构，并且孔的数量、大小及分布都随着空气湿度的增加而增多。这种多孔的纤维结构对于纤维的机械强度是不利的，但这赋予了纳米纤维超高的比表面积，使其在催化剂或者纳米载药领域具有很好的应用前景。

采用静电纺丝法制备 PAN 纳米炭纤维的具体方法是：将一定量的 PAN 溶于有机溶剂中，通过静电纺丝的方法得到纳米级 PAN 纤维原丝，再模仿普通炭纤维的制备方法得到纳米级的炭纤维。与气相生长炭纤维相比，该方法制得的纤维连续、坚固、直径分布更窄。并且该方法有可能实现炭纤维的工业化生产，具有很大的实用价值。目前，静电纺丝技术未能广泛应用的主要原因是效率太低。

C 其他制备方法

通过石墨电弧法制备碳纳米管时，由于局部生长区域温度过低，也会有炭纤维的出现，但是该方法得到的纳米纤维石墨化程度低，内部碳密度分布不均匀（轴向碳密度不均匀），因此强度比较差，不能达到应用的要求。此外，脉冲激光烧蚀的方法也可以得到炭纤维，但由于其产物的多样化，实用性不高。

2.1.5 炭纤维编织布

炭纤维在复合材料中起到承受载荷的作用。外力传递给炭纤维，所以对炭纤维复合材料的破坏首先是要破坏炭纤维。

破坏力分为两种：一是平行于炭纤维方向的拉伸力；二是剪切力，垂直于炭纤维方向。但炭纤维剪切强度很小（炭纤维供应商产品性能参数中未见），且其属于一维材料，直径尺度很小，对炭纤维制品的任何剪切力都可以分解成不同方向的拉伸力。

尽可能使作用于炭纤维复合材料外力分解为不同方向上的拉伸力。

二维的编织布是制造炭纤维复材制品和预浸料的原料，也是进行纤维排布方向优化的基础。

炭纤维编织布有平纹编织布、斜纹编织布、缎纹编织布三种。

2.1.5.1　平纹编织布

平稳编织的方法是经纱和纬纱一上一下规律交织，交织点多，织物坚牢，具有耐磨、硬挺、平整、弹性小、轻薄（透气性好），但光泽度一般、密度不高、弯曲点多，受拉伸过程中伸长率较高。如图 2-18 所示，炭纤维的平纹编织布，12K 经纱和 1K 纬纱混合编织，反射光呈现不同棋盘的外观。

图 2-18　炭纤维平纹编织布

2.1.5.2　斜纹编织布

纤维束排布方向有一定夹角的斜向纹路。斜纹编织布外观立体感强，主要用来做汽车改装制品，如面板、引擎盖、排气筒等，如图 2-19 所示。

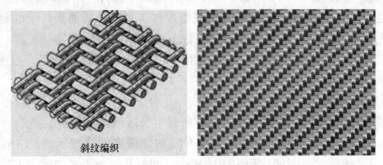

斜纹编织

图 2-19　炭纤维斜纹编织布

2.1.5.3　缎纹编织布

缎纹编织布经交织点或纬交织点互不连续，交织点少，如图 2-20 所示。织物密度高，纤维布厚实，表面平滑匀整，质地柔软。

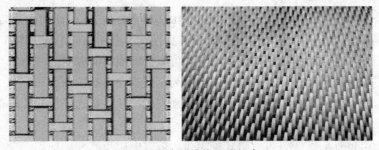

图 2-20　炭纤维缎纹编织布

经测试，编制结构对织物强度有着不同的影响，一般来说，平纹编制体的拉伸强度大于斜纹，斜纹又大于缎纹。而撕扯强度正好相反，即缎纹大于斜纹，斜纹又大于平纹。

单独研究编织结构对复合材料的影响是片面的，需要综合集体材料及制品受力情况来考量。

2.1.6 炭纤维的应用

炭纤维由于其各方面优异的性能，如较高的长径比、高的传热导电性能、比较完整的石墨化结构、良好的化学稳定性、超高的机械强度和模量、良好的生物学相容性等；此外，由于炭纤维特定的石墨片层结构，决定了其更容易进行表面官能化，这大大地提高了炭纤维的应用潜力。随着炭纤维的制备工艺越来越成熟，其被广泛地应用于电子材料、储能材料、催化剂载体材料、增强体材料、生物材料等等领域。

2.1.6.1 炭纤维在电子材料领域的应用

炭纤维由于独特的石墨片层结构，使其具有优异的力学和电学性质。在芯片制造的过程中，静电会损害集成电路，但在电路材料中复合少量的炭纤维可以有效地降低表面电阻，解决静电消散问题。而静电喷涂工艺对材料的电阻率有很大的要求，以往的材料往往由于静电无法消除，喷涂后的表面得不到理想的粗糙度，炭纤维的出现有效地解决了这个问题。此外，炭纤维由于其优异的导电性能还被用于场电子发射材料。

2.1.6.2 炭纤维在储能材料领域的应用

炭纤维具有作为储能材料的要求，导电性能好、结晶度高、比表面积大以及通过活化可以获得高孔隙率。有研究者发现，在基体中加入一定质量分数的炭纤维将会得到电容量比理论值还高的电容器。炭纤维还可以作为锂离子电池的负极材料，如图 2-21 所示，由于炭纤维的高比表面积，极细的纤维直径及其特有的网络结构，锂离子不仅可以嵌入到纤维的表面和内部，而且可以嵌入到纤维之间的缝隙中，从而为锂离子提供了大量的游动空

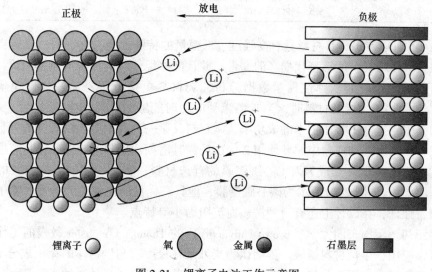

图 2-21　锂离子电池工作示意图

间，这对于提高锂离子电池的充放电容量并改善其循环性能有很大帮助。有鉴于此，以炭纤维作为高锂储量负极材料的研究在国内外日益受到重视。

2.1.6.3　炭纤维在催化剂载体材料领域的应用

炭纤维由于其独特的结构特点，如石墨片层结构、丰富的表面含氧基团、大的比表面积、微观结构可控等被广泛地应用于催化剂载体材料领域。在过去的十几年中，随着静电纺丝技术的日益完善，研究者们利用静电纺丝和溶胶凝胶相结合的方法制备了大量的以炭纤维为载体的催化剂材料。例如，利用以上方法制备了一种具有较高的比表面积和孔隙率的 $TiO_{2-x}N_x$/CNFs 异质光催化剂，主要解决了纳米 TiO_2 光催化剂在使用过程中的不足，使催化剂能够在更长的波长范围内被激发，显著地提高了催化剂的催化活性；通过优化的工艺条件使 TiO_2 纳米颗粒与炭纤维载体结合更为紧密、纳米颗粒在纳米纤维中分散更为均匀，解决了纳米颗粒的团聚失活以及流失等问题。

2.1.6.4　炭纤维在生物材料领域的应用

炭材料由于其优异的化学稳定性、力学性能（见表2-5）、血液相容性和生物学相容性，最近被广泛地应用于生物材料领域。一些研究者研究了碳元素在矫形外科、皮肤科、内科和牙科等的特殊应用。例如：将炭材料用于骨骼固定和皮肤界面，其与骨骼间的结合强度高于陶瓷材料。也有使用玻璃碳制成的皮肤电极，临床手术没有观察到任何生物恶化的情况出现。

表 2-5　生物材料力学性能对比

材料种类	弹性模量/MPa	抗弯强度/MPa	抗压强度/MPa
热解碳	2.84×10^4	526.9	/
玻璃碳	2.84×10^4	228.0	/
炭纤维	2.43×10^5	2583.9（张力）	150~369
氧化铝多晶	3.55×10^5	385.1	3039.9
磷灰石多晶	$(3.55 \sim 12.2) \times 10^4$	114.5~198.6	516.8~932.2

从表2-5可以看出，炭材料具有高强度、低模量的特殊性质，这证明其具有良好的韧性。据报道炭纤维材料能够替代损坏的韧带，并且能够促使新的韧带形成和生长，该手术成功率可达到80%。而从弹性模量数据分析，炭材料更接近于骨骼的弹性模量（20~30GPa），因此用于骨修复材料时，当骨骼承受应力时能够与骨骼产生一致的形变，减少界面应力集中，提高了临床手术的成功率。碳材料又是一种高耐磨、耐腐蚀的材料，据报道全碳膜材料在脉冲加速器中循环使用2亿次后，其磨损深度仅为200nm，其磨损深度仅为合金的1/30，因此，其成为人工心脏瓣膜的首选材料，实际应用的人造心脏的病例已经超过了40万。如图2-22所示为碳心脏瓣膜，他具有优良的血液动力特性。除了本身具有抗血凝特性外，在设计上还有自冲洗、血流阻力小等特点。

本世纪初，美国布朗大学（Brown University）的 Thomas J Webster 教授的工作小组首先将炭纤维应用于生物材料领域。他们认为炭纤维在尺度上与生物体的无机成分 HA 的微晶尺寸相差不多，在用于骨修复材料时能够起到特殊的效果。另外，纳米级纤维比普通纤维具有更高的比表面积和更粗糙的表面，更有利于细胞的黏附、铺展和增殖。他们把化学气相沉积法制得的炭纤维与聚碳酸酯（PCU）制成复合材料，通过分别与成骨细胞和成纤维细胞的混合培养证明：纳米级的炭纤维对成骨细胞的黏附和增殖起到促进作用，相反对于成纤维细胞，材料的纳米化则不利于其铺展和增殖。

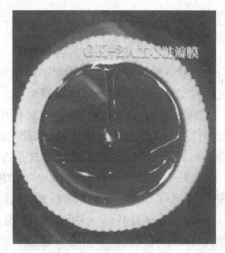

图 2-22 碳心脏瓣膜

在生物材料领域，相比于化学气相沉积法，静电纺丝法制得的炭纤维具有更大的优势，如制造过程中不使用任何金属类催化剂，不需要在使用前去除催化剂粒子；可以制得机械强度更高、长径比更长的纤维，因此可以得到更好的增强效果；炭纤维的工艺过程可控，即可以在纤维制备的过程中对其进行改性、负载等等装饰，使其具有更好的功能性。因此，由静电纺丝法制备的炭纤维在生物领域具有非常广阔的应用前景。

2.2 炭纤维复合材料

通常，炭纤维不单独使用，而与塑料、橡胶、金属、水泥、陶瓷等制成高性能的复合材料。炭纤维是由有机纤维如粘胶纤维、聚丙烯腈纤维或沥青基纤维在保护气氛下热处理碳化成为含碳量 90%～100% 的纤维。

炭纤维复合材料主要包括以下几类：炭纤维增强树脂基复合材料（CFRP）、C/C 复合材料、炭纤维增强金属基复合材料（CFRM）、炭纤维增强陶瓷复合材料、炭纤维增强橡胶复合材料等。炭纤维复合材料（CFRP）作为一种先进的复合材料，具有重量轻、模量高、比强度大、热膨胀系数低、耐高温、耐热冲击、吸振性好、耐腐蚀等一系列优点，在航空航天、汽车等领域已有广泛的应用。

2.2.1 复合材料

人类进步的历史与人类应用材料的历史密切相关。在迈向现代文明的进程中，人类经历了石器时代、铜器时代、铁器时代、合成材料时代，现已迈入应用复合材料的新时代。长期以来，人们不断改进原有材料、开发新的材料品种，在实践中积累了丰富的应用材料的经验。但是，任何一种单一的材料（金属、陶瓷、聚合物），虽有许多优点，但都存在着一些明显的不足，改性也往往是有限的。随着现代科学技术的迅猛发展，对材料提出了越来越高、越来越严、越来越多的要求，既要求良好的综合性能，如高强度、高刚度、高韧性、低密度等性能，又希望能够在高温、高压、强腐蚀等恶劣的环境下服役。这些是传统的单一材料所不能满足的。于是人们想到将一些不同性能的材料复合起来，相互取长补短，这样就出现了复合材料。复合材料并不是人类发明的新材料，在自然界存在许多天然的复合材料，人类使用复合材料有着悠久的历史。

2.2.1.1　复合材料的发展

自然界中天然的复合材料有竹子、木材、骨骼、皮肤、贝壳等。竹子是由许多直径不同的管状纤维素分散在木质素基体中形成的复合材料。表皮纤维细而密，可增强抗弯强度；内层纤维粗而疏，可改善韧性。

6000 年前，我国古代劳动人民使用的土坯砖是由黏土和稻草组成的，这是人类历史上最原始的人工复合材料。越王剑即金属包层复合材料，在潮湿的环境中埋藏了几千年，出土是仍光亮夺目，锋利无比，这是古代的金属基复合材料。

近代最早的复合材料是 1909 年出现的用酚醛树脂混合木粉热压成型的电木；1932 年在美国出现了第一块玻璃纤维增强聚酯复合材料。学术界开始使用"复合材料"（composite materials）一词大约是在 20 世纪 40 年代，当时出现了玻璃纤维增强不饱和聚酯，开辟了现代复合材料的新纪元。

近代复合材料主要是人工特意复合而成的一种新型材料体系，成功制造要从 1942 年开始算起。第二次世界大战期间，玻璃纤维增强聚酯树脂复合材料被美国空军用于制造飞机构件。近代复合材料发展阶段如下。

复合材料发展第一代：1942~1960 年，玻璃纤维增强塑料时代。

复合材料发展第二代：1960~1980 年，先进复合材料发展时代，主要研究增强材料，英国研制炭纤维，美国研制了 Kevlar 纤维。炭纤维增强环氧树脂、Kevlar 纤维增强环氧树脂复合材料用于飞机、火箭的主承力构件。

复合材料发展第三代：1980~1990 年，纤维增强金属基复合材料时代，其中铝基复合材料应用最广泛；同时陶瓷基复合材料也得到研究和发展。

复合材料发展第四代：1990~至今，主要发展多功能复合材料，梯度功能材料、纳米复合材料、仿生复合材料。

2.2.1.2　复合材料定义及特点

复合材料是指由有机高分子、无机非金属或金属等几类不同材料通过复合工艺组合而成的新型材料。保留原有组分材料的特色，又通过材料的设计使各组分的性能互相补充并彼此关联与协同，从而获得原组分材料无法比拟的优越性能，与一般材料的简单混合有本质的区别。

复合材料应具有以下 3 个特点：

（1）复合材料是由两种或两种以上不同性能的材料组元，通过宏观或微观复合形成的一种新型材料，组元之间存在着明显的界面。

（2）复合材料中各组元不但保持各自的固有特性而且可最大限度发挥各种材料组元的特性，并赋予单一材料组元所不具备的优良特殊性能。

（3）复合材料具有可设计性。

复合材料的结构通常是一个相为连续相，称为基体（matrix），是将增强材料粘接成固态整体，起到保护、传递载荷、阻止裂纹扩展的作用，如聚酯树脂、乙烯基树脂等；而另一相是以独立的形态分布在整个连续相中的分散相，与连续相相比，这种分散相的性能优越，会使材料的性能显著增强，故常称为增强体（reinforcement），也称为增强材料、增强相等,如玻璃纤维、晶须等。在大多数情况下,分散相较基体硬,强度和刚度较基体大。分散相可以是纤维及其编织物,也可以是颗粒状或弥散的填料。在基体与增强体之间存在着界面(interface)。因此,增强体、基体和界面构成了复合材料的三大要素,如图2-23所示。

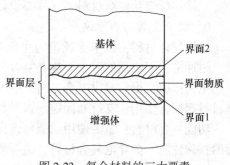

图2-23 复合材料的三大要素

复合材料具有很高的比强度、比模量,良好的抗疲劳性能、减震性能、高温性能和安全性能,以及很好的加工工艺性等特点。

2.2.1.3 复合材料分类

A 按增强材料的形态分类

零维:颗粒增强复合材料。根据颗粒大小,又分为弥散颗粒增强复合材料(100~2500Å)和真正颗粒增强复合材料(微米级),如图2-24(a)所示中第一幅图片。

一维:纤维增强复合材料。按纤维长短分为连续纤维增强复合材料、短纤维增强复合材料和晶须增强复合材料[如图2-24(a)第二三张图片]。按纤维种类分为玻璃纤维增强复合材料、炭纤维增强复合材料、硼纤维增强复合材料、芳纶纤维增强复合材料、金属纤维增强复合材料、陶瓷纤维增强复合材料。

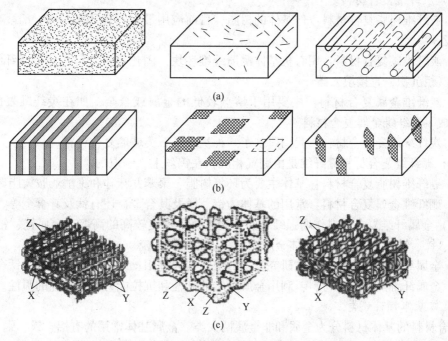

图2-24 复合材料的结构模型
(a)零维,一维;(b)二维;(c)三维

二维:板状复合材料、平面编织复合材料、片状材料增强复合材料,如图2-24(b)所示。

三维：骨架状复合材料、立体编织复合材料，如图 2-24（c）所示。

B　按复合材料的用途分类

结构复合材料：以承受载荷为主要目的。主要使用力学性能，以满足高强度、高模量、耐冲击、耐磨损的要求。这类复合材料通常由基体材料和增强材料组成，其中增强材料起主要作用，由它提供复合材料的刚度和强度，基本上控制了复合材料的力学性能；基体材料起配合作用，支持和固定增强材料，改善复合材料的某些性能。

功能复合材料：主要使用功能特性，利用其在电、磁、声、光、热、阻尼、烧蚀等方面的特殊性能。如导电复合材料、磁性复合材料等。

智能复合材料：主要是指兼具有机敏材料、自决策材料和执行材料的组合材料。当材料发生故障或即将失效时，电阻或电导发生突变，机敏材料发出预警，自决策材料根据情况做出最优控制，发出指令传达给执行材料使之发生动作，从而保证材料处于最佳状态。

C　按增强体材料分类

（1）玻璃纤维复合材料用玻璃纤维增强工程塑料的复合材料，即玻璃钢。玻璃钢分为两种，即热塑性玻璃钢和热固性玻璃钢。

1）热塑性玻璃钢热塑性玻璃钢是以玻璃纤维为增强剂和以热塑性树脂为黏结剂制成的复合材料。

2）热固性玻璃钢热固性玻璃钢是以玻璃纤维为增强剂和以热固性树脂为黏结剂制成的复合材料。

（2）炭纤维复合材料。

1）炭纤维树脂复合材料：作基体的树脂，目前应用最多的是环氧树脂、酚醛树脂和聚四氟乙烯。

2）炭纤维碳复合材料：用有机基体浸渍纤维坯块，固化后再进行热解，或纤维坯型经化学气相沉积，直接填入碳。

3）炭纤维金属复合材料：主要用于熔点较低的金属或合金，如在炭纤维表面镀金属，制成了炭纤维金属复合材料。

4）炭纤维陶瓷复合材料：我国研制了一种炭纤维石英玻璃复合材料。

（3）硼纤维复合材料硼纤维是由硼气相沉积在钨丝上来制取的。

1）硼纤维树脂复合材料：基体主要为环氧树脂、聚苯并咪唑和聚酰亚胺树脂等。

2）硼纤维金属复合材料：常用的基体为铝、镁及其合金，还有钛及其合金等。

（4）金属纤维复合材料作增强纤维的金属主要是强度较高的高熔点金属钨、钼、钢、不锈钢、钛、铍等，它们能被基体金属润湿，也能增强陶瓷。

1）金属纤维金属复合材料：研究较多的增强剂为钨钼丝，基体为镍合金和钛合金。

2）金属纤维陶瓷复合材料：利用金属纤维的韧性和抗拉能力改善陶瓷的脆性。

D　按基体材料分类

复合材料的基体材料分为金属和非金属两大类。金属基体常用的有铝、镁、铜、钛及其合金。非金属基体主要有合成树脂、橡胶、陶瓷、石墨、碳等。常见复合材料有树脂基复合材料（PMC）、金属基复合材料（MMC）和陶瓷基复合材料（CMC）。

2.2.1.4　复合材料的命名

复合材料在世界各国还没有统一的名称和命名方法。比较共同的趋势是根据增强体和基体的名称来命名，一般有以下三种情况：

（1）强调基体时，以基体材料的名称为主。如树脂基复合材料、金属基复合材料、陶瓷基复合材料等。

（2）强调增强体时，以增强体材料的名称为主。如玻璃纤维增强复合材料、炭纤维增强复合材料、陶瓷颗粒增强复合材料。

（3）基体材料名称与增强体材料名称并用。这种命名方法常用来表示某一种具体的复合材料，习惯上将增强体材料的名称放在前面，基体材料的名称放在后边。如"玻璃纤维增强环氧树脂复合材料"，或简称为"玻璃纤维/环氧树脂复合材料或玻璃纤维/环氧"，而我国则常将这类复合材料通称为"玻璃钢"。

2.2.1.5　复合材料的界面

不同的复合材料体系对界面要求各不相同，虽然它们的成型方法与工艺差别很大，各有特点，使复合材料界面形成过程十分复杂，但理论上都可分为3个阶段：

（1）第一阶段。增强体表面预处理或改性阶段。

（2）第二阶段。增强体与基体在一组分为液态（或粘流态）时的接触与浸润过程。

（3）第三阶段。液态（或粘流态）组分的固化过程，即凝固或固化。

因此，复合材料的界面现象主要体现在：1）表面吸附作用与浸润；2）扩散与黏结（含界面互传网格结构）；3）界面上分子间相互作用（范德华力和化学键力）。

复合材料之所以具有优异的力学性能，主要取决于复合材料界面的好坏。复合材料被破坏源自于基体内部、增强体内部和层与层上存在的微裂纹、气孔及内应力。界面传递应力的功能，当界面破坏，界面破坏形式越丰富（如纤维断裂、脱粘、拨出以及裂纹扩展偏移等），能量耗散越多，从而能够避免脆性断裂或灾难性破坏。过强的界面不一定带来材料整体的高强度和高韧性，材料易突然失效或发生灾难性破坏。因此，在复合材料的界面设计中要求界面具有：

（1）适宜的粘接强度。

（2）最佳的界面结构和状态。

（3）与界面相联系的理想的微观破坏机制。

这就是所谓的界面设计与界面控制的基本概念。

2.2.2　炭纤维复合材料

用炭纤维等高性能增强相增强的复合材料称为炭纤维复合材料，又称为先进复合材料（ACM）。

尽管炭纤维可单独使用发挥某些功能，然而，它属于脆性材料，只有将它与基体材料牢固地结合在一起时，才能利用其优异的力学性能，使之更好地承载负荷。因此，炭纤维主要还是在复合材料中作增强材料。根据使用目的不同可选用各种基体材料和复合方式来达到所要求的复合效果。炭纤维可用来增强树脂、碳、金属及各种无机陶瓷，而目前使用得最多、最广泛的是树脂基复合材料。

（1）炭纤维增强陶瓷基复合材料（CFRC）。陶瓷具有优异的耐蚀性、耐磨性、耐高温性和化学稳定性，广泛应用于工业和民用产品。陶瓷的致命弱点是脆性，对裂纹、气孔和夹杂物等细微的缺陷很敏感。用炭纤维增强陶瓷可有效地改善韧性，改变了陶瓷的脆性断裂形态，韧性增加。纤维还阻止裂纹迅速扩展、传播。

炭纤维增强陶瓷基复合材料具有较高强度机械冲击性能、热冲击性能得到改善，断裂韧性有了大幅度提高，与普通陶瓷相比弯曲强度提高了 5 倍左右，断裂功提高了数百倍。目前国内外比较成熟的炭纤维增强陶瓷材料是炭纤维增强碳化硅材料，因其具有优良的高温力学性能，在高温下服役不需要额外的隔热措施，因而在航空发动机、可重复使用航天飞行器等领域具有广泛应用。其主要制备方法有泥浆浸掺和混合工艺、化学合成工艺（溶胶-凝胶及聚合物先驱体工艺）、熔融浸渗工艺、原位化学反应（CVD、CVI 反应烧结等）等。

（2）碳/碳复合材料（C/C 复合材料）。碳/碳复合材料是炭纤维增强碳基复合材料的简称，也是一种高级复合材料。它是由炭纤维或织物、编织物等增强碳基复合材料构成。碳/碳复合材料主要由各类热解碳组成，即沥青碳、树脂碳和沉积碳。这种完全由人工设计、制造出来的纯碳元素构成的复合材料具有许多优异性能，除具备高强度、高刚性、尺寸稳定、抗氧化和耐磨损等特性外，还具有较高的断裂韧性和假塑性。特别是在高温环境中，强度高、不熔不燃，仅是均匀烧蚀。这是任何金属材料无法与其比拟的。因此广泛应用于导弹弹头，固体火箭发动机喷管以及飞机刹车盘等高科技领域。

（3）炭纤维增强金属基复合材料（CFRM）。炭纤维增强金属基复合材料是以炭纤维为增强纤维，金属为基体的复合材料。炭纤维增强金属基复合材料与金属材料相比，具有高的比强度和比模量；与陶瓷相比，具有高的韧性和耐冲击性能，除此，还具有耐高温、热膨胀系数小、导热率高和抵抗热变形能力强等一系列优异性能。作为宇航结构材料颇有吸引力。金属基体多采用铝、镁、镍、钛及它们的合金等，其中，炭纤维增强铝、镁复合材料的制备技术比较成熟。炭纤维增强铝不仅比铝合金的强度高，而且使用温度也有了大幅度的提高，即使到了 500K 左右仍可保持 90% 左右的拉伸强度。炭纤维增强铝具有优异的疲劳强度，即使疲劳循环 107 次，仍可保留 63%～84% 的疲劳强度。

制造炭纤维增强金属基复合材料的主要技术难点是炭纤维的表面涂层，以防止在复合过程中损伤炭纤维，从而使复合材料的整体性能下降。目前，在制备炭纤维增强金属基复合材料时炭纤维的表面改性主要采用气相沉积、液钠法等，但因其过程复杂、成本高，限制了炭纤维增强金属基复合材料的推广应用。主要制备工艺方法有：固相法、液相法和原位复合法。固相法主要有粉末冶金、固态热压法、热等静压法；液态法主要有真空压力浸渍法、挤压铸造法；原位复合法主要包括共晶合金定向凝固、直接金属氧化物法、反应生成法。

（4）炭纤维增强树脂复合材料（CFRP）。炭纤维增强树脂基复合材料是目前最先进的复合材料之一。它以轻质、高强、耐高温、抗腐蚀、热力学性能优良等特点广泛用作结构材料及耐高温抗烧蚀材料，是其他纤维增强复合材料所无法比拟的。

炭纤维增强树脂复合材料所用的基体树脂主要分为两大类：一类是热固性树脂；另一类是热塑性树脂。热固性树脂由反应性低分子量预集体或带有活性基团高分子量聚合物组成；成型过程中，在固化剂或热作用下进行交联、缩聚，形成不熔不溶的交联体型结构。在复合材料中常采用的有环氧树脂、双马来酰亚胺树脂、聚酰亚胺树脂以及酚醛树脂等。热塑性树脂由线型高分子量聚合物组成，在一定条件下溶解熔融，只发生物理变化。常用的有聚乙烯、尼龙、聚四氟乙烯以及聚醚醚酮等。在炭纤维增强树脂基复合材料中，炭纤维起到增强作用，而树脂基体则使复合材料成型为承载外力的整体，并通过界面传递载荷于炭纤维，因此它对炭纤维复合材料的技术性能、成型工艺以及产品价格等都有直接的影响。炭纤维的复合方式也会对复合材料的性能产生影响。

还可以采用炭纤维增强橡胶，即炭纤维增强橡胶复合材料（CFRR）。炭纤维增强橡胶复合材料在相同弯曲条件下，其使用寿命与普通橡胶相比得到了大大地提高。橡胶的热传导率是 $45 \times 10^{-4} cal/(cm \cdot s \cdot ℃)$ 比炭纤维的小两个数量级。用炭纤维增强橡胶后，炭纤维在炭纤维增强橡胶复合材料中形成传热网络，摩擦热可散逸，从而改善了热性能，特别是热疲劳。

炭纤维的长径比对炭纤维增强橡胶复合材料的性能有显著影响，当炭纤维的长径比在 70~500 之间时，拉伸强度和撕裂强度都比较高。炭纤维的长径比小于 70 时，增强效果不显著；当它的长径比大于 500 时，增强效果趋于平衡。

2.2.2.1 炭纤维复合材料的性能

（1）力学性能。炭纤维复合材料拉伸强度高，模量大，密度小，具有较高的比强度和很高的比模量。与传统金属材料相比，炭纤维复合材料质量轻，强度高，韧度高，具有明显的优势。与同为新型材料的硅基纤维复合材料相比，碳基纤维的拉伸强度为其 3~7 倍。碳基纤维的弹性模量高于硅基纤维，所以炭纤维复合材料在相同外载荷下，应变较小，其制件的刚度比硅基纤维复合材料制件高。高模量炭纤维的断裂伸长率约为 0.5%，高强度炭纤维的约为 1%，硅基纤维约为 2.6%，而环氧树脂的约为 1.7%，所以炭纤维复合材料中纤维的强度能得到充分的发挥。

由于炭纤维的脆性很大，冲击性能差，所以炭纤维复合材料的拉伸破坏方式属于脆性破坏，即在拉断前没有明显的塑性变形，应力应变曲线为直线，这一点与玻璃纤维相似，只是模量高于、断裂伸长率低于玻璃纤维。

（2）热性能。炭纤维复合材料的耐高低温性能好。在隔绝空气（惰性气体保护下），2000℃仍有强度，液氮下也不脆断。炭纤维复合材料的导热性能好。导热系数较高，但随温度升高有减小的趋势。炭纤维复合材料沿纤维轴向的导热系数为 $0.04cal/(s \cdot cm \cdot ℃)$；垂直纤维方向的导热系数为 $0.002cal/(s \cdot cm \cdot ℃)$。炭纤维复合材料的线膨胀系数沿纤维轴向具有负的温度效应，即随温度的升高，炭纤维复合材料有收缩的趋势，尺寸稳定好，耐疲劳性好。

（3）耐腐蚀性。炭纤维复合材料除了能被强氧化剂如浓硝酸、次氯酸及重铬酸盐氧化外，一般的酸碱对它的作用很小，比硅基纤维复合材料具有更好的耐腐蚀性。炭纤维复合材料不像硅基纤维复合材料那样在湿空气中会发生水解反应，具有好的耐水性及耐湿热老化特性。此外还具有耐油、抗辐射以及减速中子运动等特性。

除此，炭纤维复合材料还具有结构尺寸稳定性好，可设计性强，大面积整体成型的优点，有些还有特殊的电磁性能和吸波隐身等作用。

综上所述，炭纤维复合材料具有重量轻、模量高、比强度大、线膨胀系数低、耐高温、耐热冲击、耐腐蚀、吸振性好等一系列优点，这些性能都是传统金属材料所不具备的特征，相比于其他类型的新型复合材料也具有较强的性能。这使得炭纤维复合材料可以在很多领域获得广泛的应用，同时促进炭纤维复合材料的进一步研究，以继续提高其使用性能。

2.2.2.2　炭纤维复合材料的界面影响因素

前面介绍了复合材料界面的破坏机制，复合材料界面性能直接影响了材料的性能。对于炭纤维复合材料来说，其界面的影响因素包括3个方面：

（1）炭纤维表面（表面处理、表面粗糙度、表面缺陷）。

（2）树脂基体性能（基体的极性、基体黏度、模量匹配、韧性匹配）。

（3）复合成型工艺（浸润性、黏度、温度、压力）。

下面对几个重要的因素进行介绍。

A　炭纤维的表面处理

表面处理的目的在于提高炭纤维增强复合材料中炭纤维与基体的结合强度。例如，表面石墨化程度提高引起物理沟槽减少、表面官能化难、极性基团少，导致界面性能实现困难。

通常，表面可以通过清除表面杂质，在纤维表面形成微孔或刻蚀沟槽以增加表面能，引进具有极性或反应性官能团（—COOH、—NH$_2$、—OH、—C=O）并能与树脂起作用的中间层。如图 2-25 所示为炭纤维表面进行沟槽化，弥补了石墨化纤维表面的缺陷。

(a)　　　　　　　　　　　　　　　(b)

图 2-25　炭纤维表面沟槽化

（a）处理前；（b）处理后

B　树脂基体的性能

提高树脂基体的浸润性（如降低树脂黏度、延长适用期等）和界面粘接性（如提高树脂本体性能、与炭纤维表面上胶机匹配、改进固化制度等）都可以弥补高性能炭纤维的界面缺陷。

以高性能炭纤维（T800/T1000）缠绕复合材料为例，从图 2-26 不同树脂体系的 T800 炭纤维复合材料的层间剪切劈裂形貌可见含有极性基团（酯基，叔氨基）的树脂体系，与炭纤维界面性能优异。

C　复合成型工艺

以炭纤维拉挤成型为例，在拉挤成型工艺中在线对炭纤维进行表面处理，可获得界面性能优异的炭纤维拉挤成型产品。

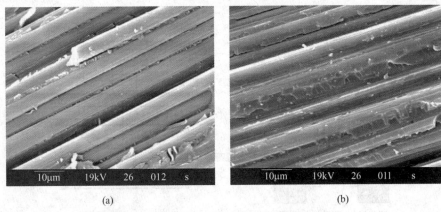

(a)　　　　　　　　　　　　(b)

图 2-26　T800 炭纤维复合材料层剪劈裂面形貌

（a）环氧树脂/酸酐（DGEBA/MeTHPA）；（b）4，5-环氧己烷-1，2-二甲酸二缩水甘油
酯/二氨基二苯甲烷/环氧树脂（TDE-85/DDM/DETDA）

2.2.2.3　炭纤维复合材料的加工工艺

炭纤维增强复合材料一直是被区分为长（连续）纤维和短纤维来加工的，从典型的
300~400 米到几个毫米分为不同的品级。过去 10 年中，人们一直在改进不同种类的炭纤
维复合材料的性能和加工方法，从短纤维混料注射加工到层压成型，从预浸料处理到模塑
法加工，力求为这种性能优良的材料寻找到最佳的加工方法。下面介绍几种典型的炭纤维
复合材料的加工工艺。

A　手糊成型工艺

手糊工艺的最大特色是以手工操作为主，适于多品种、小批量生产，且不受制品尺寸
和形状的限制。但这种方法生产效率低、劳动条件差，且劳动强度大；制品质量不易控
制，性能稳定性差，制品强度较其他方法低。如图 2-27 所示。

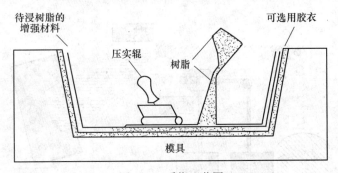

图 2-27　手糊工艺图

B　树脂传递模塑（Resin Transfer Molding，RTM）

RTM 是将树脂注入闭合模具中浸润增强材料并固化的工艺方法。该方法适宜多品种、
中批量、高质量符合材料制品的低成本技术。目前，在发达国家里复合材料工业已由
"产量大、消费大"步入"个性化、高级化、产量中等"阶段，这也正适合"个性化、高
级化、产量中等"要求的树脂传递模塑（RTM）工艺，从而使其获得蓬勃发展。RTM 的
工艺，如图 2-28 所示。

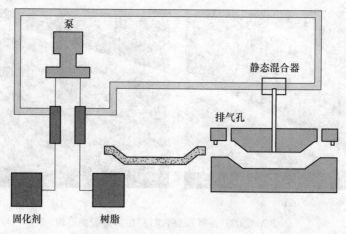

图 2-28　RTM 工艺示意图

C　喷射成型工艺

喷射成型是将混有引发剂和促进剂的两种聚酯分别从喷枪两侧喷出，同时将切断的玻纤粗纱，由喷枪中心喷出，使其与树脂均匀混合，沉积到模具上，当沉积到一定厚度时，用辊轮压实，使纤维浸透树脂，排除气泡，固化后成制品。成型工艺如图 2-29 所示。

喷射成型是为改进手糊成型而创造开发的一种半机械化成型技术。喷射成型对原材料有一定的要求，如树脂体系的黏度应适中（0.3~0.8Pa·s），容易喷射雾化、脱除气泡、润湿纤维而又不易流失以及不带静电等。制品纤维含量控制在 28%~33%，纤维长度 25~50mm。其优点是生产效率比手糊成型提高 2~4 倍，劳动强度低，可用较少设备投资实现中批量生产，材料成本低；制品整体性好，制件的形状和尺寸不受限制；可自由调节产品壁厚、纤维与树脂比例。喷射成型效率达 15kg/min，故适合于大型船体制造。已广泛用于加工浴盆、机器外罩、整体卫生间，汽车车身构件及大型浮雕制品等。主要缺点是现场污染大，树脂含量高，制件的承载能力低，并且只能做到单面光滑。

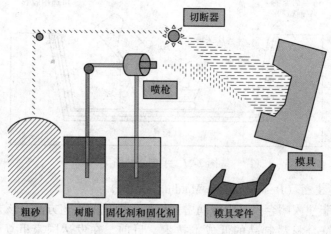

图 2-29　喷射成型示意图

D　注射成型

注射成型分为反应注射成型（reaction injection molding，RIM）和增强反应注射成型

（reinforced reaction injection molding，RRIM），后者主要是热塑性塑料的注塑成型，近年来又发展新的注射成型。

RIM 的基本原理是将两种反应物（高活性的液状单体或低聚物）精确计量，经高压碰撞混合后充入模内，混合物在模具型腔内迅速发生聚合反应固化成型。其突出特点是生产效率高、能耗低。

RRIM 是短切纤维或片状增强材料增强的 RIM，它是在 RIM 基础上发展起来的，在单体中加入增强材料，即反应单体与增强材料一同通过混合头注入模具型腔制备复合材料制品。

E　纤维缠绕成型

纤维缠绕成型是将浸渍树脂的纤维丝束或带，在一定张力下，按照一定规律缠绕到芯模上，然后在加热或常温下固化成制品的方法，如图 2-30 所示。纤维缠绕成型的主要特点是，纤维能保持连续完整，制件线形可按制品受力情况设计即可按性能要求配置增强材料，结构效率高，制品强度高；可连续化、机械化生产，生产周期短，劳动强度小；产品不需机械加工，但设备复杂，技术难度高，工艺质量不易控制。

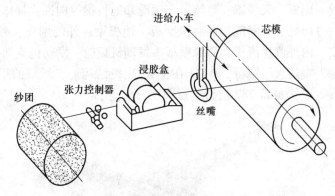

图 2-30　纤维缠绕示意图

F　拉挤成型

拉挤成型是一种连续生产固定截面型材的成型方法，其主要过程是将浸有树脂的纤维连续通过一定型面的加热口模，挤出多余树脂，在牵引条件下进行固化。拉挤成型的最大特点是连续成型，制品长度不受限制，力学性能尤其是纵向力学性能突出，结构效率高，制造成本低，自动化程度高，制品性能稳定，生产效率高，原材料利用率高，不需要辅助材料。它是制造高纤维体积含量、高性能低成本复合材料的一种重要方法。如图 2-31 所示。

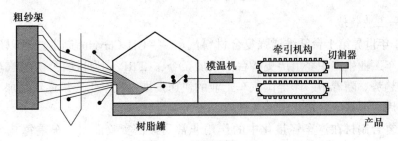

图 2-31　拉挤成型工艺

2.2.2.4　炭纤维复合材料的应用

炭纤维复合材料凭借其优良的性能，已经在各个领域得到广泛的应用，主要有航空航天、汽车、结构加固工程、新能源开发、休闲用品等。

A　航空航天领域

炭纤维复合材料最初主要应用于航天业，因为发射航天器的成本与重量成正比关系，所以如何在保证航天器性能的同时减轻其重量成为最重要的问题。炭纤维复合材料具有高比强度、高比模量、使用温度范围高这些优点而在航天产业得到深入的应用，从航天器的外壳、内设、结构以及航空发动机几乎都是采用炭纤维复合材料制作而成。近年来，随着炭纤维复合材料制造成本的下降，军用航空飞机和民用航空飞机方面也开始大规模使用该材料以大幅度减轻机体机构质量、改善气动弹性，提高飞机的综合性能。

据统计，目前，炭纤维复合材料在小型商务飞机和直升飞机上的使用量已占70%~80%，在军用飞机上占30%~40%，在大型客机上占15%~50%。以美国波音公司的B777为例，炭纤维复合材料在该型号飞机上的使用比例达到9%，这些先进复合材料主要应用在飞机尾翼、襟翼、副翼、天线罩、整流罩、短舱和地板梁等构件，具体包括垂直安定面翼盒、平尾翼盒、方向舵、升降舵、前后缘壁板、地板梁、外侧副翼、外侧襟翼、襟翼、襟副翼、整流包皮、内外侧扰流板、后缘壁板、发动机短舱、发动机支架整流罩、前起落架舱门、固定前缘、雷达天线罩等。B777在主级/次级结构上炭纤维的用量约为10t，而B787约为35t。图2-32为波音787选材示意图。

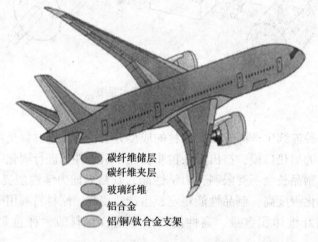

碳纤维储层
碳纤维夹层
玻璃纤维
铝合金
铝/铜/钛合金支架

图2-32　波音787选材

B　汽车工业领域

自1953年世界第1台纤维增强复合材料汽车——GM Corvette制造成功以后，复合材料正式在汽车工业生产中登上历史舞台。发展至今，CFRP成为目前公认的汽车用复合材料未来发展趋势。随着中、印等国汽车工业的快速发展，汽车年产量逐年增加。炭纤维在汽车上的应用主要基于轻量化、耐久性以及安全性等优点。

炭纤维复合制材在汽车轻量化中的作用非常明显，实验证明，车重每减小10%，油耗可降低6%~8%，排放量可降低5%~6%，0~100km/h加速性可提升8%~10%，制动距离缩短 2~7m；车身轻量化后整车重心可实现下移，有效提升了汽车操纵的稳定性；炭纤维还具有极佳的能量吸收率，碰撞吸能的能力是钢的 6~7 倍、铝的 3~4 倍，使车辆在运行更加安全、平稳；此外，炭纤维还具有更高的震动阻尼，可提高整车疲劳强度。基于现有的炭纤维成型工艺，可使车身开发实现集成化，大大减少了零件的种类，减少装配难度和工作强度。不仅带来节省能源、增加续航里程，提升性能的好处，还可以全面提高车辆的舒适性、稳定性、安全性和可靠性，从而会给汽车产业带来革命性的变化。从表2-6各种汽车材料的性能对比中可以看出炭纤维复合材料的突出优势。

表 2-6 汽车材料性能对比

材料种类		密度/g·cm⁻³	拉伸强度/MPa	弹性模量/GPa	比强度/m	比模量/km
高强度钢		7.8	1000	214	1.3	0.27
铝合金		2.8	420	71	1.5	0.25
镁合金		1.79	280	45	1.6	0.25
钛合金		4.5	942	112	2.1	0.25
玻璃纤维复合材料		2.0	1100	40	5.5	0.2
炭纤维复合材料	高强度型	1.5	1400	130	9.3	0.87
	高模量型	1.6	1100	190	6.2	1.2

德国宝马公司是 CFRP 在汽车领域应用的先驱，除了宝马、丰田、大众、奔驰、现代等多家汽车制造商也都在开发汽车轻量化用 CFRP。目前，炭纤维复合材料已经用在高端车、超跑、赛车、改装车、限量版车型以及少量的电动车上。在汽车零部件中主要应用分布在汽车车身、内外饰、底盘系统、动力系统等。

a 炭纤维在汽车车身中的应用

炭纤维增强聚合物基复合材料有足够的强度和刚度，是制造汽车车身的最轻材料。预计炭纤维复合材料的应用可使汽车车身减轻质量 40%~60%，相当于钢结构质量的 1/3~1/6。英国材料系统实验室曾对炭纤维复合材料减重效果进行研究，结果表明，炭纤维增强聚合物材料车身重 172kg，而钢制车身质量为 368kg，减重约 50%。目前赛车和部分改装车大多选用炭纤维复合材料车身，在降低重量的同时，因复合材料碰撞时减少了碎片的产生，从而提高了安全性。

b 炭纤维在汽车轮毂中的应用

作为保证汽车行驶安全的重要部件之一，轮毂不仅要承受整车重量和载重，还要传递驱动和扭矩。这对汽车轮毂的质量要求极高。汽车轮毂要具有较高的强度和抗冲击性，较好的耐热和导热性以及较好的耐久性和安全性。炭纤维复合材料具有优异的力学性能、耐热性和耐久性，可替代金属作为轮毂材料。同时，炭纤维材料的使用使得轮毂质量得到降低，有助于减少车轮转动惯量，使车辆拥有更快的启动、停止以及转向速度。

c 炭纤维在刹车系统中的应用

汽车制动器衬片主要使用石棉材料，制动时易摩擦产生高温，出现性能的热衰退，而产生的石棉粉尘有致癌危害。炭纤维复合材料的比强度高、耐磨性好、耐热性好，应用在汽车刹车片上，可作为石棉的替代品。炭纤维制动盘可以在 50m 内将车速由 300km/h 降到 50km/h。炭纤维制动盘可承受 2500℃ 的高温，且性能稳定。

　　d　炭纤维在内外饰中的应用

　　炭纤维复合材料具有较好的强度、韧性、耐热性和耐老化性，可改善传统塑料制品脆性高、耐久性不好的缺点，作为汽车内饰材料使用。炭纤维复合材料还具有较高的强度和刚性、较好的抗冲击性，可作为金属材料的替代品运用于汽车外饰构件。同时，炭纤维复合材料具有较好的吸振效果，对撞击有较大的缓冲作用，且减少撞击碎片的产生，提高了安全性。此外，炭纤维内外饰材料的使用，除了达到汽车轻量化效果，还简化了零件制造工艺，降低了零件加工、装配、维修费用，降低生产成本。

　　e　炭纤维在传动轴中的应用

　　汽车传动轴的受力情况比较复杂，尤其要承受很大的扭矩，对材料性能要求较高。炭纤维增强复合材料具有各向异性、比强度高和比模量相对较低的特点，替代金属材料作为传动轴可较好地满足使用需求。炭纤维传动轴不仅可减轻重量 60%，而且具有更好的耐疲劳性和耐久性。

　　f　炭纤维在进气系统中的应用

　　炭纤维复合材料作为汽车进气系统材料，一方面可减轻重量，达到轻量化的效果；另一方面炭纤维材料易加工成各种曲面形状，且表面较为光滑，可有效提高进气效率。

　　C　复合芯铝绞线电缆

　　推动当今世界发展的能源的主要形式是电能，用电量是一个国家发达程度的重要标志。自 90 年代以来，中国大部分城市都面临缺电的困扰。2004 年至今，中国经济发展迅速的长江三角洲地区面临了最大的工业难题——缺电。

　　在输电过程中，城市供电的矛盾较为突出。对电力需求量较大的城市由于受到土地供应和线路扩展空间的限制，导致线路开工不足，无法满足城市日益增长的电力需求，所以只能利用有限的线路尽可能多的输送电力。

　　传统输电线路的电缆主要有钢芯铝绞线（ACSR）构成，而在提高单条线路输电能力即提高载流量时，传统的钢芯电缆暴露出了高温强度不足，易发生弧垂，耐腐蚀性不佳，电阻较大等一系列问题。这就需要一种新型的复合材料电缆来解决这些问题。

图 2-33　新型炭纤维复合芯铝绞线电缆

　　炭纤维、玻璃纤维复合芯铝绞线电缆（AC-CC）是由炭纤维、玻璃纤维复合材料芯棒代替传统的钢芯，外层采用梯形软铝绞合而成的一种新型的电缆，如图 2-33 所示。

　　复合材料电缆具有以下优秀的性能。

　　a　强度大，重量轻

　　一般钢丝的抗拉强度为 1300MPa，高强度钢丝可达 1410MPa，而炭纤维、玻璃纤维复合芯棒的抗拉强度高达 2158MPa，分别为前者的 1.66 和 1.53 倍。

　　复合电缆单位长度的质量仅为普通电缆的 60%~80%，约为 0.65kg/m（复合材料芯质量约为 0.05kg/m）。

b 线膨胀系数小，弧垂小

在相同的条件下，复合材料电缆的弛度变化仅为常规电缆的 9.6%，高温弧垂不到普通电缆的 1/10，有效的提高了电缆的安全性。

低温时两种张力相同的电缆在高温下（183℃）张力表现完全不同，传统电缆的张力仅为复合材料电缆的 1/4。所以复合材料电缆在高温下的力学性能保证了安全供电的要求。

c 导电率高，载流量大

由于复合材料电缆芯不存在磁损和热效应，在输送相同的电荷条件下，具有更低的运行温度，可以减少输电损失 6%。对于具有相同直径的复合材料电缆和普通电缆来说，复合材料电缆的载流量比普通电缆高 29%，铝材截面积为普通电缆的 1.29 倍，由于其在高温下优异的低弛度性能，综合电导率比普通电缆高一倍。

d 耐腐蚀

由于复合材料电缆芯的外层环氧树脂、玻璃纤维、内层的炭纤维都是耐环境腐蚀的材料，通过一系列的盐雾腐蚀和湿热老化试验，表明电缆芯的结构和性能在环境腐蚀下基本稳定，完全不影响正常的工作。CTC 公司利用有限元分析测得炭纤维、玻璃纤维复合芯铝绞线电缆的寿命大于 30 年。

D 连续抽油杆

炭纤维连续抽油杆采油系统在我国油田的应用获得了初步的成功（见图 2-34），尤其是产品性能和节能效果，目前已超过了国外的技术水平。

图 2-34 炭纤维连续抽油杆产品

炭纤维连续抽油杆具有以下特点：

（1）质轻。炭纤维复合材料连续抽油杆每千米质量仅 200kg，而钢质抽油杆（以 7/8in 为例）每千米质量达 2980kg，因此可以降低举升能耗，降低抽油机型号，减少地面设备的一次性投入费用；经初步统计，降低能耗达 50% 左右，降低抽油机型号 1~2 个机型；由于其重量轻、强度高，解决了深井、超深井的机械采油难题。

（2）高强。抗拉强度 1800MPa，为 D 级钢制抽油杆的 3 倍。

（3）耐腐蚀。炭纤维复合材料连续抽油杆有良好的耐腐蚀性能，因而炭纤维抽油杆适用于井况腐蚀性严重的油井。

（4）降低活塞效应。无需使用常规金属接头，每千米可省去常规金属接头 110 个以上，可降低活塞效应，降低接头的断、脱事故率。

（5）提高产液量。炭纤维复合材料连续抽油杆的低弹性模量可实现超冲程采油，因而和金属抽油杆相比而言，可提高抽油泵柱塞的有效冲程，提高产液量。

（6）使用年限长。炭纤维复合材料连续抽油杆的疲劳强度为 D 级钢制抽油杆的 5 倍，达到了 107 次，且经过了 107 交变作用后其强度仍为原值的 90%，因此使用年限长。

（7）运输、作业方便。炭纤维抽油杆的截面为矩形扁平带状，可以缠绕在一定直径的轮盘上，运输极为方便，作业简单，提高作业效率。

E 休闲用品

由于炭纤维复合材料的超轻质量和超高强度，其在休闲用品领域也有广泛应用，比如体育运动器材钓鱼竿、高尔夫球竿、网球拍、羽毛球拍、自行车等；电子消费产品笔记本外壳、手机外壳、音箱等。当然，随着炭纤维复合材料的进一步发展，必然会有更多的产品采用性能优良的炭纤维复合材料，给人们的生活带来更多的便利。

2.3　炭纤维增强碳基复合材料（C/C 复合材料）

2.3.1　C/C 复合材料概况

炭纤维增强碳基复合材料（Carbon fiber reinforced carboncomposites）简称碳/碳（C/C）复合材料。1958 年美国 Chance Vought 航空公司实验室在研究炭纤维增强酚醛树脂基复合材料时，由于操作失误，聚合物基体没有被氧化，反而被热解，意外得到碳基体，经多次试验后验证这就是炭纤维增强碳基复合材料。C/C 复合材料就有一些列优异的物理和高温性能，该材料的发现引起了航天航空等一系列高科技领域的高度重视。

近几十年来，C/C 复合材料发展迅速，伴随着增强体炭纤维的性能提升和型式的多样性，以及基体材料的制备方法的增多，C/C 复合材料的产品种类越来越多，功能越来越全面。C/C 复合材料的应用领域日益拓展，称为各国在高科技领域竞争的焦点之一，归纳起来，C/C 复合材料的发展历程可分为四个阶段。

（1）起步阶段。20 世纪 50 年代后期到 60 年代中期，该阶段主要是针对炭纤维制造和性能的提高，研究 C/C 复合材料的基本复合工艺，把传统的 CVD 成功引入 C/C 复合材料制备。

（2）工程研究阶段。20 世纪 60 年代中期到 70 年代，此时对 C/C 复合材料的研发逐渐深入，主要致力于基体炭前驱体的种类及其成炭机理的研究、复合工艺的研究和炭纤维表面处理工艺的开发。

（3）高速发展阶段。20 世纪 70 年代中期到 80 年代中期，此阶段的主要工作多为编织技术，解决各向异性问题。

（4）精细化、多功能化、低成本化以及微观研究时期。20 世纪 80 年代中期至今。与 C/C 复合材料相关的原材料制造技术、编织技复合工艺以及材料的应用等方面都基本成熟。

2.3.2　C/C 复合材料的结构与性能

2.3.2.1　C/C 复合材料的结构

C/C 复合材料是由炭纤维制成的骨架通过碳基体增密而成，两者均由人工的纯碳元素构成。图 2-35 为 C/C 复合材料炭纤维与基体碳的结构示意图。碳基体材料是唯一能够呈现出各种各样不同的甚至完全相反的结构和性能的固体材料。

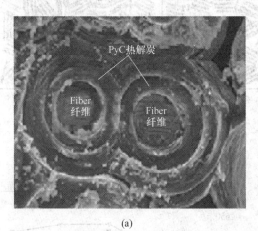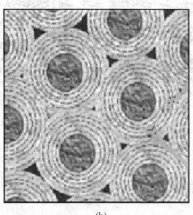

(a)   (b)

图 2-35   C/C 复合材料的结构

（a）SEM 照片；（b）结构模型

    C/C 复合材料由两部分组成：其一为炭纤维增强体骨架（即坯体），是利用单向纤维束、丝、带或无纺布，根据力学性能的需要，可采用各种编制方法，制备成一维（1D）到多维（nD）的复合材料毛坯；其二为碳基体，可采用多种制备方法，如各种化学气相沉积（CVD）工艺和液相浸渍-炭化工艺，根据使用环境条件的要求采用相应的生产工艺。

    一般，C/C 复合材料是由炭纤维及其制品作为预制体，通过化学气相沉积法（CVD）或液态树脂、沥青浸渍碳化法获得 C/C 复合材料的基体碳来制备的。CVD 法得到基体碳为沉积碳，采用树脂或沥青碳化得到的基体碳分别为树脂碳和沥青碳。沥青碳易石墨化，树脂碳难石墨化。

    不同结构的热解碳根据其密度、表观微晶尺寸、择优取向的不同，具有不同的性质。三种热解碳微观组织的物理性能和结构参数见表 2-7，它们的结构模型，如图 2-36 所示。

表 2-7   三种热解碳微观组织的物理特性和结构参数

结构和物理特性	热解碳微观组织		
	各向同性体（ISO）	光滑层（SL）	粗糙层（RL）
基体密度/g·cm^{-3}	1.66±0.02	1.95±0.05	2.12±0.01
消光角 Ac/°	<4	12<Ac<18	>18
光学各向异性	没有消光十字	清晰可见的消光十字	大量不规则的消光十字
TEM	微孔	裂纹	没有孔隙
颜色	结余 RL 与 SL 之间，较难辨认	具有暗黑、黑色的外观	有光泽、银色般的外观
硬度	最硬	比 RL 硬，可留下与硬铅笔笔迹类似的痕迹	比较软，可留下与铅笔笔迹类似的痕迹
石墨化能力	难	中	易
d_{002}/nm	0.341~0.344 平均值：0.343	0.340~0.344 平均值：0.341	平均值：0.337
Lc/nm	平均值：9.0	平均值：12.5	平均值：38.5

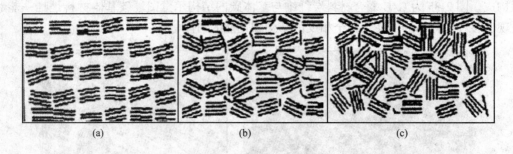

图 2-36　三种热解碳结构模型

（a）RL；（b）SL；（c）ISO

2.3.2.2　C/C 复合材料的性能

C/C 复合材料具有重量轻、模量大、比强度大、热膨胀系数低、耐高温、耐热冲击、耐腐蚀、吸振性好等一系列优点。在惰性气体中具有很好的高温稳定性，随着使用温度的升高，在真空或惰性气氛的高温中，拉伸强度几乎不变甚至有所提高（如图 2-37），这种高温特性是任何材料无法比拟的。C/C复合材料的性能与纤维的类型、增强方向、制造条件以及基体炭的微观结构等密切相关。

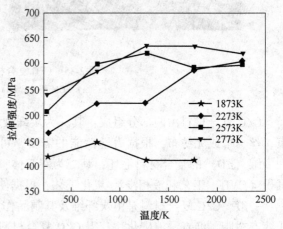

图 2-37　C/C 复合材料的拉伸强度与温度的关系

C/C 复合材料的性能体现在力学性能、热物理性能、烧蚀性能、化学稳定性这几个方面。

A　力学性能

C/C 复合材料强度与组分材料性质、增强材料的方向、含量以及纤维与基体界面结合程度有关。其室温强度和模量如下：

一般 C/C，拉伸强度>270MPa、弹性模量>69GPa；

先进 C/C，强度>349MPa，其中单向高强度 C/C 可达 900MPa（通用钢材强度 500~600MPa）。

C/C 复合材料高温力学性能优异，室温强度可以保持到 2500℃，在 1000℃以上时，强度最低的 C/C 的比强度也较耐热合金和陶瓷材料的高，是当今在太空环境下（惰性环境）使用的高温力学性能最好的材料。对热应力不敏感，一旦产生裂纹，不会像石墨和陶瓷那样损失严重的力学性能。

B　物理性能

C/C 复合材料的密度在 1.7~1.9，仅为镍基高温合金的 1/4，陶瓷的 1/2；其熔点达到 4100℃。C/C 复合材料的热膨胀性能低，常温下为 $-0.4 \sim 1.8 \times 10^{-6}/K$，仅为金属材料的 1/5~1/10；其导热系数高，室温时约为 0.38~0.45cal/cm·s·℃（铁：0.13），当温度为1650℃时，降为0.103cal/cm·s·℃。它具有高的比热容，其值随温度上升而增大，因而能储存大量的热能，室温比能约为0.3kcal/kg·℃（铁：0.11），1930℃时为0.5kcal/kg·℃。

C/C复合材料的耐磨性优异，摩擦系数小，具有优异的耐摩擦磨损性能，是各种耐磨和摩擦部件的最佳候选材料。

C 烧蚀性能

烧蚀性能是指在高温高压气流冲刷下，通过材料发生的热解、气化、融化、升华、辐射等物理和化学过程，将材料表面的质量迁移带走大量的热量，达到耐高温的目的。

C/C的升华温度高达3600℃，在这样的高温度下，通过表面升华、辐射除去大量热量，使传递到材料内部的热量相应地减少。不同材料的有效烧蚀热比较见表2-8。可见C/C复合材料具有优异的烧蚀性能，因此可用于航天工业使用的火箭发动机喷管、喉衬等。

表2-8 不同材料的有效烧蚀热比较

材料	C/C	聚丙乙烯	尼龙/酚醛	高碳氧/酚醛
有效烧蚀热/kcal·kg⁻¹	11000~14000	1730	2490	4180

D 化学稳定性

C/C除含有少量的氢、氮和微量金属元素外，几乎99%以上都是元素C，因此它具有和C一样的化学稳定性。C/C像石墨一样具有耐酸、碱和盐的化学稳定性；C/C在常温下不与氧作用，开始氧化温度为400℃，高于600℃会严重氧化。可在成型时加入抗氧化物质或表面加碳化硅涂层提高其耐氧化性。

除了上述性能外，C/C复合材料的生物相容性好，是人体骨骼、关节、颅盖骨补块和牙床的优良替代材料。它具有很高的安全性和可靠性，若用于飞机，其可靠性为传统材料的数十倍。飞机用铝合金构件从产生裂纹至破断的时间是1min，而C/C是51min。

2.3.3 C/C复合材料的生产工艺

C/C复合材料的成型加工方法很多，各工艺过程大致可归纳为图2-38，主要包括坯体成型、致密化、热处理等工艺。

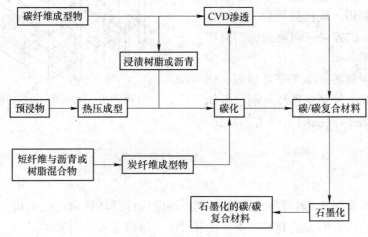

图2-38 C/C复合材料的生产工艺

（1）坯体成型。炭纤维及其预成型物，作为增强的骨架。

（2）致密化。浸渍树脂或沥青，炭化，在浸渍炭化反复循环进行致密化的工艺。

（3）热处理。包括炭化、石墨化工艺过程，与致密化交替循环对 C/C 复合材料进行加工处理。

2.3.3.1　坯体成型

本章已经介绍了炭纤维的制备方法。作为 C/C 复合材料的坯体可以是编织物、缠绕结构、整体碳毡。

A　编织物

编织物包括一维、二维、三维和多向编织物，如图 2-39 所示。二维编织物的面内各向性能好，但层间和垂直面方向性能差；三维编织物能够改善层间和垂直面方向性能；对于多向编织物，可以编织成四、五、七、十一向增强的预制体，使其接近各向同性。

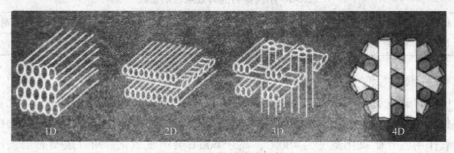

图 2-39　炭纤维编织物

B　缠绕结构

炭纤维长丝或带缠绕方法，可根据不同的要求和用途选择适宜的缠绕方法。缠绕结构具有高度择优取向，可满足设计以及对制品性能的要求。

C　整体碳毡

碳毡可由人造丝毡碳化或聚丙烯腈预氧化、碳化后制得。碳毡叠层后，可以炭纤维在 x、y、z 的方向三向增强，制得三向增强毡，如图 2-40 所示。

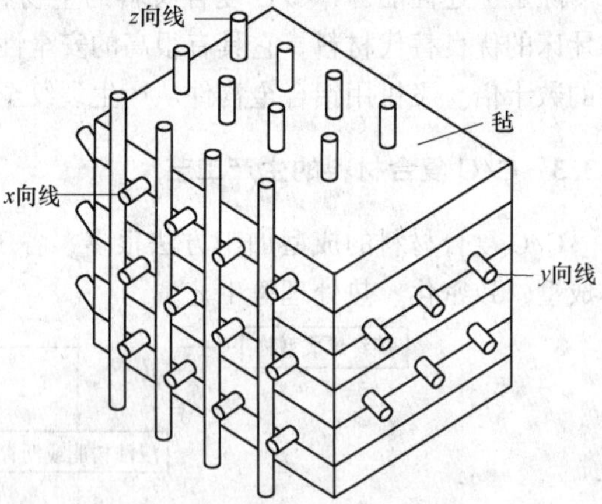

制备整体碳毡的基本工序是切短、梳毛、铺网和针刺。针刺原理和针刺设备如图 2-41 所示。整体碳毡的生产工艺流程，如图 2-42 所示。

图 2-40　三向增强毡坯体图

2.3.3.2　致密化

致密化技术是制备 C/C 复合材料的关键。通常炭纤维坯体密度在 $1.0 \mathrm{g/cm^3}$ 以下，要想得到致密度高的 C/C 复合材料，需要依靠浸渍、沉积等后处理工序。

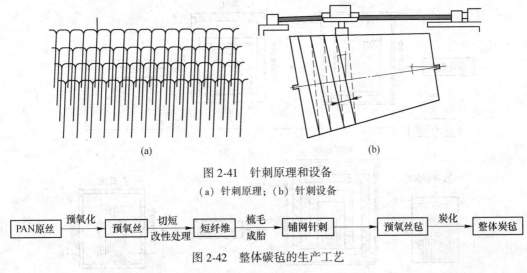

图 2-41 针刺原理和设备

(a) 针刺原理；(b) 针刺设备

PAN原丝 →（预氧化）→ 预氧丝 →（切短 改性处理）→ 短纤维 →（梳毛 成胎）→ 铺网针刺 →（ ）→ 预氧丝毡 →（炭化）→ 整体炭毡

图 2-42 整体碳毡的生产工艺

C/C 复合材料的致密化方法有两类：液相浸渍工艺（树脂、沥青）和气相沉积（渗透）工艺（碳氢化合物气体）。

A 液相浸渍工艺

液相浸渍的树脂多为酚醛树脂、呋喃树脂、糠酮树脂和沥青（高残炭沥青）等。其中酚醛树脂、呋喃树脂的碳含量较高，一般能达到 50% ~ 65%。酚醛树脂不仅含碳量高，而且本身的强度较大。硼酚醛树脂对提高制品的耐热性和抗氧化性能有一定帮助，采用沥青可提升制品的密度。当然，在制备过程中，也可以采用两种或以上的浸渍剂。

树脂浸渍工艺流程为将预制增强体置于浸渍罐中，在真空状态下用树脂浸渍预制体，再充气加压使树脂浸透预制体，然后将浸透树脂的预制体放入固化罐内进行加压固化，随后在炭化炉中保护气氛下进行炭化。由于炭化过程中非碳元素的分解，会在炭化后的预制体中形成很多孔洞，因此需要再浸渍、填充气孔，再炭化，再浸渍 1 ~ 10 个周期反复循环使其高密度致密化。后面再采用 CVD 或 CVI 进一步填充小孔。所以，一般采用先浸渍、后沉积的顺序，前者填大孔，后者填小孔。真空浸渍、高压炭化制备 C/C 复合材料的流程，如图 2-43 所示。

B 化学气相沉积（渗透）工艺

化学气相沉积（CVD）法可引导气体深入到多孔材料内部沉积以达到使材料致密化的目的。还有一项技术，化学气相渗透（chemical vapor immersion, CVI），其原理和 CVD 相似，都是源气体热解的碳扩散到更小的炭纤维孔隙中，然后在纤维间沉积，可得到致密的 C/C 复合材料。

CVD 的基本原理是将碳氢化合物源气体导入化学气相炉反应区，在一定的温度和炉压下，使碳氢化合物发生一系列的分解、聚合、再分解反应，最后在预制体的孔隙中生成炭沉积，达到致密化的目的。其主要步骤为：

（1）反应气体在压力作用下进入沉积炉内；

（2）反应气体以层流形式在预成型体内沿增强材料的边界进行扩散；

（3）反应气体在增强体表面被吸附；

（4）被增强体表面吸附的气体发生裂解反应，产生固态的碳和分解气体；

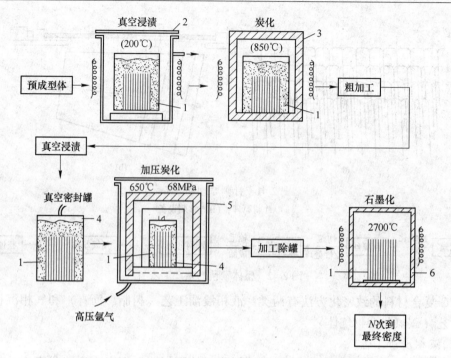

图 2-43　真空浸渍、高压炭化制备 C/C 复合材料的流程

1—预成型体；2—真空容器；3—炭化炉；4—气密性罐；5—高温高压炉；6—石墨化炉

（5）被增强体吸附的分解气体脱附；

（6）分解气体产生的气体沿边界层扩散；

（7）生成的分解气体被排除反应器。

CVD 的一般规律：当预制体内外表面的化学反应是控制速率的步骤，则外表面的结壳现象就会减少；若气体到表面的扩散过程控制整个反应速率，则炭很易沉积在表面形成结壳。当温度低时，渗透速率由反应动力学控制；而高温时，由传质扩散控制。温度和压强是 CVD 的关键工艺参数。不同的温度和压强可以得到不同微观结构的 CVD 碳。较高的温度虽然可以提高渗透速率，但扩散会控制整个反应速率，使预制体表面过早沉积，容易堵塞开孔，同时出现炭黑。所以，CVD 一般采用低温低压的工艺。

CVD 或 CVI 法的主要反应方程（碳源气体还可以是丙烷或丙烯）：

$$CH_4 \xrightarrow{\Delta} C\downarrow + 2H_2 \tag{2-2}$$

CVI 工艺的优点基体性能好、增密的程度便于精确控制，不损伤纤维，但缺点是制备周期长，生产效率低。总体来说，采用 CVI 法制备的 C/C 复合材料的综合性能好于用液相炭化制备。

CVI 或 CVD 主要的工艺有等温工艺、压力梯度工艺、温度梯度工艺等，图 2-44 为三种典型工艺示意图。

（1）均热式化学气相沉积（ICVD）。ICVD 是将预制体放在均热的化学气相沉积炉中，反应区保持恒温，在 C/C 复合材料内部没有温度梯度。该法的沉积炭很容易堵住表面的开孔，沉积效率较低，需采用机械加工的方式去除表面形成的外壳，因此制备工艺长，成本高。

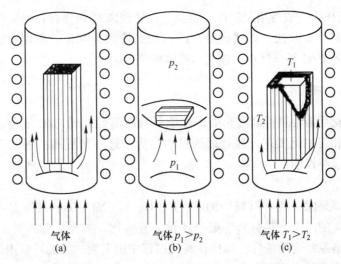

图 2-44　C/C 复合材料的三种化学气相沉积工艺
(a) 等温；(b) 压力梯度；(c) 温度梯度

(2) 压差法，即压力梯度工艺。碳源气体在压力差作用下强行通过预成型体。该法随着 CVD 过程的进行，样品部分区域达到一定密度后会阻碍气体的进一步流动，造成内部密度不均。

(3) 热梯度化学气相沉积，又称为温度梯度工艺，指沉积过程中在沿坯体厚度方向形成温差，导致内部存在一个温度梯度，碳氢化合物分解首先发生在制品内部，外部温度低，气体不分解，因此消除了均热式中预制体外表面的结壳现象，所以沉积速率较快。但随着内部温度的升高，热辐射增强，热梯度减小，后期沉积速率又会降低。

(4) 强制流动热梯度法 (FCVI)。在热梯度 CVI 基础上增加气体的定向流动。反应气体在压差的推动力下强迫从冷端流向热端。该法可实现高温操作，沉积速度高。

(5) 脉冲法 CVI (PCVI)。在沉积过程中，反应室周期性地被抽空和填充反应气体，产生脉冲气流，反应室交替处于常压和真空之间，因此反应气体能深入到预制体的孔隙中，有利于快速填充内部的孔隙。该法可用于材料后期的致密化。

(6) 等离子体辅助 CVD 法 (PACVD)。高能电子引起电离，并通过碳氢化合物气体分子的相互作用形成自由基，自由基在预制体里聚合形成沉积炭。

(7) 快速化学液气相法 (CLVD)。将碳毡或编织体围绕在发热体上，浸泡在碳氢比合适的液态碳源中，用电阻加热，通过液体内部气化产生的自然循环气体，在温度较高的发热体-预制体界面裂解生成炭和生成 H_2 以及小分子碳化物。裂解碳沉积在预制体的纤维上，填充孔隙，达到致密的目的。

(8) 微波辅助 CVI。在 CVI 过程中用微波来加热预制体。微波发射电极直接将能量加到预制体上，因此使得能量的利用率得到提高。该工艺的特点是不受预制体形状的限制，沉积时间也相应地较短。

C　其他工艺

(1) 预成纱工艺。该工艺是用价格低廉的固相沥青焦粉制备 C/C 复合材料。具体操作是用焦粉和沥青黏结剂混合均匀包裹在炭纤维束中，用聚丙烯丝或尼龙丝包起来，制成预包纱，600℃模压焙烧成待用预制件，再经二次处理成 C/C 复合材料制件。

（2）自烧结性焦烧结法。以残碳量高的自烧结性焦为基体，不用黏结剂，与炭纤维复合后热处理得到 C/C 复合材料，该法不需致密化工艺。

2.3.3.3　热处理

预制体致密化后需要进行高温热处理才能得到所需性能的 C/C 复合材料，热处理工艺包括炭化工艺和石墨化工艺。热处理的目的是为了进一步提高材料的石墨化度和晶粒度，改善材料的最终性能。

A　炭化工艺

炭化工艺主要是除去复合材料中的 N、H、O、K、Na、Ca。其终温在 800~1000℃。炭化过程主要发生的反应有热分解、聚合环化、芳构化。需要注意的是，多次浸渍-炭化循环过程中要严格控制炭化条件，以免在炭化过程中由于炭的收缩导致内部孔隙结构的堵塞，导致产品致密化程度不高，影响产品性能。

B　石墨化工艺

C/C 复合材料超过 2000℃的热处理温度开始发生三维层面的排列即为石墨化过程。石墨化过程伴随层面间距减少、表观微晶尺寸增加。石墨化度是用来表明碳结构和理想石墨结构的远近程度，它最终决定材料的力学性能和热物理性能（如耐热、抗摩擦和导电等）。石墨化度的影响因素主要是所达到的最高热处理温度。通常，石墨化的温度一般要求在 2000~3000℃。

2.3.3.4　抗氧化处理

C/C 复合材料的空气中 450℃开始氧化，若内部不纯（活性催化剂），氧化起始温度更低。C/C 复合材料的氧化过程是从材料边界开始，反应气体吸附在材料表面，通过孔隙向内部扩散，以材料缺陷为活性中心，在杂质微粒的催化作用下氧化生成 CO 或 CO_2 气体从表面脱附。抗氧化问题是 C/C 复合材料用于长寿命高温的关键。若 C/C 复合材料失重 1%，则强度下降 10%。

抗氧化工艺分为两大类：加入抗氧化剂（基体改性）和表面涂层隔绝氧气。

A　增强基体抗氧化技术

具体做法是在碳源前驱体中加入防氧化成分，基体炭和防氧化颗粒一同沉积在炭纤维上。这样，在高于炭基体氧化温度时能形成熔融的玻璃态固熔体并具有自愈合功能的保护膜，从而阻断基体的进一步氧化。

基体改性技术的防氧化成分选择需要满足一定条件：

（1）与基体碳具有良好的化学相容性。

（2）有较低的氧气、湿气渗透能力。

（3）不能对氧化反应有催化能力。

（4）不能影响 C/C 复合材料原有的优异力学性能。

从原理来说，基体改性可以采用两种方法：内部土层和添加抑制剂。

内部涂层是在炭纤维上或在基体的孔隙内涂覆可起到阻挡氧扩散的阻挡层。由于单根纤维很细，预先涂层很困难，同时，给材料基体孔隙内涂层也很困难，所以该法难度较大。

添加抑制剂是指隔离炭材料表面活性点，提高氧化起始温度；或形成玻璃覆盖层防止氧气向内扩散，或与杂质形成稳定的盐，使之失去催化作用。氧化抑制剂：钽、铌的化合物或 SiO_2、SiC、Si_3N_4 等粉末。

目前，基体改性技术主要有液相氧化、固相复合、液相浸渍和化学气相渗透四种方法。

B 抗氧化涂层技术

抗氧化涂层技术的原理是在表面或表层引入抗氧化物质。它们的熔融薄层可将炭材料与氧化环境隔离，形成氧扩散的阻挡层，或在高温下形成致密的保护层，阻挡氧的扩散。

在选择一种抗氧化涂层时，应注意的问题：

（1）充分考虑材料的最高使用温度及时限，以选择相应的抗氧化涂层。

（2）抗氧化涂层与基体应有较好的物理相容性，主要是热膨胀系数应尽可能相匹配。

（3）对于多层次的复合涂层，各层之间应有较好的物理相容性。

已开发的涂层工艺方法很多，如包埋转化法、CVD 法、溶胶凝胶法、液相熔渗法、液相浸渍法。

2.3.4 C/C 复合材料的应用

C/C 复合材料最早应用于航空航天领域、生物医用等领域，由于炭纤维原料及生产制造成本的降低，目前已广泛应用于耐热材料领域、摩擦材料领域、高机械性能领域等。

2.3.4.1 耐热材料领域

航天飞机和战略武器重返大气层时需经苛刻的高温环境，在这些恶劣的环境中飞行，C/C 复合材料具有重量轻、高强度、耐热性能，将起到不可替代的作用。

C/C 复合材料的烧蚀过程机理，如图 2-45 所示。表层逐步被烧蚀，未烧蚀层与战斗部一起直击目标。各种飞行器的使用环境与温度见表 2-9。洲际弹道导弹再入大气层的温度高达 6600℃，任何金属材料都会化为灰烬，只有 C/C 复合材料仅烧蚀减薄，不会熔融。

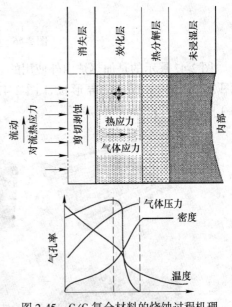

图 2-45 C/C 复合材料的烧蚀过程机理

热处理炉生产部门需要选择很多的标准品，C/C 复合材料的风扇与原来的不锈钢风扇相比，由于没有热变形带来的困扰，所以不需要维修，又因其质量轻，强度高，可以大大减轻发动机的负担。图 2-46 为 C/C 复合材料风扇。除此，C/C 复合材料具有良好的加工性能，还可用其制作出尺寸大，厚度薄的加热体以及热处理炉的炉体部分。炉体产品与原来石墨材质的炉体相比，由于产品本身强度大，可以采用更少的材料，从而减轻重量。并且增加了热效率性能，提高了生产效率。

表 2-9　各种飞行器的使用环境与温度

部件	热循环次	温度/℃	总热寿命/s	环境
飞机刹车片	1500~4000	825	30~50	空气
固体火箭喷管喉衬	1	3200	0.02	燃气
导弹再入飞行器鼻锥	1	6600	0.01	离解气体
环地轨道飞行器鼻锥	100	1500	50~100	空气
超音速飞行器控制	50	1650	25~100	空气
宇宙飞船散热器	10000	4		真空
航天发动机推力室	1000	1650	15	燃气
燃气部件	500	1035	2000~4000	燃气

图 2-46　C/C 复合材料风扇

　　图 2-47 展示的是加热炉内外使用的 C/C 复合材料，如加热体 [图 2-47 (a)]、炉体 [图 2-47 (b)]、保护用异形板 [图 2-47 (c)]、垫片 [图 2-47 (d)]、弹簧 [图 2-47 (e)]、坩埚 [图 2-47 (f)] 等。

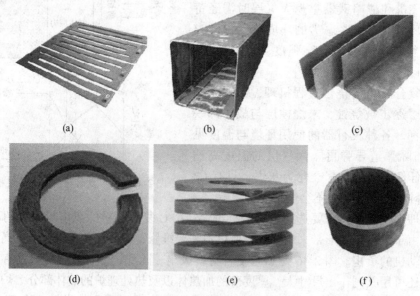

图 2-47　加热炉内外使用的 C/C 复合材料
(a) 加热体；(b) 炉体；(c) 保护用异形板；(d) 垫片；(e) 弹簧；(f) 坩埚

2.3.4.2 摩擦材料领域

刹车制动装置是飞机、汽车的重要系统，直接关系到机体的安全性能。它是利用相对运动的接触表面间所产生的摩擦阻力来达到制动的目的，即将动能转换成摩擦热能的过程。在飞机着陆的刹车瞬间，摩擦热可使刹车盘表面温度高达 1200℃，从而使刹车盘件沿着厚度方向出现极陡的温度梯度及很高的热应力，并处于剧烈的热冲击状态。但刹车系统本身没有毁坏性的磨损。图 2-48 为 C/C 复合材料飞机制动装置。刹车材料性能的好坏与稳定，直接影响着飞机制动系统的灵敏度和可靠性。一般要求飞机摩擦材料的要求有：摩擦系数稳定、磨损最小、不黏结、优异的物理力学性能以及能够快速磨合。

(a)　　　　　　　　　　　　　(b)

图 2-48　C/C 复合材料飞机制动装置

（a）制动系统；（b）C/C 刹车盘

C/C 复合材料具有独特性能及兼顾结构和功能材料的双重特征。其摩擦系数适当且稳定，飞机刹车用 C/C 复合材料，刹车性能也明显高于粉末冶金刹车材料。由于飞机每次着陆时 C/C 复合材料盘片磨损约为 0.0015mm，而钢盘为 0.050mm，因此，前者寿命提高近 5~7 倍。

2.3.4.3 高机械性能领域

以前，机械领域的部件多用陶瓷、铝、CFRP 等材料制备，随着该行业的快速大型化、高速化的发展，对于材料的轻量化和耐热性提出了更高的要求，为了满足客户的需求，因此，提出了高性能 C/C 材料。

高性能 C/C 材料的特征为重量轻、高弹性、低热膨胀、高刚度和韧性，高耐热冲击性等。因此可作为耐热盘、承载盘、吸附平台、辊棒、电极材料、机械臂、机械手、保温筒、耐热垫板等材料使用。

 复习思考题

2-1 PAN 基炭纤维的制备工艺流程，各步骤的目的是什么？

2-2 简述沥青基炭纤维和粘胶基炭纤维的制备工艺。

2-3　化学气相沉积法制备炭纤维采用的催化剂有哪些？

2-4　静电纺丝法的工作原理是什么？

2-5　静电纺丝制备纤维的影响因素有哪些？

2-6　复合材料的三大要素是什么？

2-7　复合材料按基体如何分类？

2-8　复合材料的界面形成分为几个过程？

2-9　复合材料界面的破坏机制是什么？

2-10　炭纤维复合材料的界面的影响因素有哪些？

2-11　如何通过炭纤维的表面改善其复合材料的界面性能？

2-12　什么是炭纤维复合材料？

2-13　列举几个炭纤维复合材料的加工工艺。

2-14　炭纤维复合材料为什么可以应用在汽车工业领域，试举例说明？

2-15　什么是 C/C 复合材料，如何分类？

2-16　举例说明 C/C 复合材料具有哪些性能。

2-17　C/C 复合材料的加工工艺分为哪几步？

2-18　C/C 复合材料的纤维预制体有哪些类型？

2-19　C/C 复合材料为什么要采用抗氧化工艺？

2-20　C/C 复合材料的摩擦性能如何，有什么应用？

3 石墨层间化合物

3.1 概 述

　　石墨具有层间结构，层内碳原子以 sp^2 杂化轨道电子形成共价键，形成牢固的六角网状平面炭层，晶体结构和形状如图 3-1 和图 3-2 所示。而在层与层之间，以范德华力结合，层间距为 0.3354nm，碳层之间结合力弱，间距较大，导致多种化学物质（原子、分子、离子和离子团）可以插入层间空隙，使层间距增大，而不破坏其二维晶格。因此利用物理或化学的方法使非炭质反应物插入石墨层间，与炭素的六角网络平面结合的同时又保持了石墨层状结构的晶体化合物即石墨层间化合物（Graphite Intercalation Compounds，简称 GIC）。

　　GIC 是近 40 年发展起来的新型炭素材料，由美国联合碳化物公司在 1963 年首先申请可膨胀石墨的制造技术专利并于 1968 年进行工业化生产的。GIC 除具有石墨原有的理化特性，如化学稳定性强、耐高温与低温、耐腐蚀、而强导电导热性以及安全无毒外，而且由于碳原子层与插入物质的相互作用又产生了一系列的新特性，如高导电性、超导性、电池特性、催化剂特性、储氢特性等，因而是一种具有广泛应用前景的新型功能和结构材料。目前全世界已成功地合成出了 400 多种石墨层间化合物及其衍生物，其应用前景主要集中在电池材料、高效催化剂、储氢材料、密封材料、高导电材料以及阻燃材料等方面。

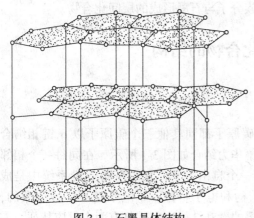

图 3-1　石墨晶体结构

图 3-2　天然石墨

3.2　石墨层间化合物的分类

　　石墨层间化合物主要是用化学方法制备的。通常采用的插层剂有碱金属、卤素、金属卤化物、强氧化性含氧酸。按插层剂的性质及石墨与插层剂之间的作用力，可以分为以下三类。

3.2.1　离子型或传导型、电荷移动型层间化合物

插层剂与石墨之间有电子得失，可引起石墨层间距离增大，但原来结构不变（碳原子的轨道不变）。离子型层间化合物的导电性很强，有的还有超导性，故又称为传导型 GIC。

从插入层与石墨层之间的电子授受关系来说，主要分为两大类：

（1）一类是插入层的电子向石墨层转移，称为施主型插层化合物，例如：碱金属、碱土金属、稀土金属等形成的插层化合物。

（2）一类是石墨层的电子向插入层转移，称为受主型插层化合物，例如：浓硫酸和硝酸类强酸、卤素和金属卤化物等形成的插层化合物。

（3）除这两类外，近年来又发现一类插层化合物，在插入层与石墨层之间几乎不存在电子授受行为，例如惰性气体氟化物和卤素的氟化物，它们以分子形式存在于插层化合物中。

3.2.2　共价型或非传导型层间化合物

插层剂与石墨中碳原子以共价键结合，碳原子轨道成 sp^3 杂化。由于共价键结合牢固，石墨失去了电导性，成为绝缘体，因此又称为非传导性 GIC。石墨层发生了变形，如石墨与氟或氧形成的层间化合物氟化石墨和石墨酸，都形成碳原子 sp^3 杂化轨道正四面体结构。

3.2.3　分子型

石墨与插层剂间以范德华力结合，如芳香族分子与石墨形成的层间化合物。

3.3　石墨层间化合物的结构

3.3.1　石墨插层反应机理

由于石墨是具有层状结构的晶体，每一层碳原子都同其他三个碳原子以 σ 键相结合形成网状平面分子，而层与层之间以很弱的范德华力结合如图 3-1 所示。在同每一个相邻的原子形成 σ 键之后，每一个碳原子还有剩余一个自由电子，它们在弱 π 键系统中是成对的。第四个电子或 π 电子决定石墨的层状结构和电子特性，π 电子是不定域分布的，它构成基态石墨的价带或激态石墨的导带。石墨的微观结构决定其具有两个反应特征：

（1）有一些可以向水平方向无限发展的大分子平面层。处在平面层内部的碳原子，彼此间有很大的化学结合力，而处于平面层边缘上的碳原子，存在着未配对的碳原子，具有不饱和力场，活性较大，所以石墨的边缘区域是一个化学反应比较活泼的区域。

（2）在层与层之间存在较大的孔隙，较自由的 π 电子以及较弱的结合力，这给其他物质的原子、分子或离子侵入层间隙形成新的化合物创造了良好的条件。因此，石墨分子

的层与层之间也是一个化学反应活泼的区域。

石墨存在的两个反应活性区域，使石墨可以发生一系列化学反应。在强氧化剂作用下，网状平面大分子带有正电荷，因此带有同种正电荷的层与层之间互相排斥，石墨层间距加大，有利于异端分子、原子或离子进入。但是并不是所有物质都可以作为插层剂进入石墨层的，对于插入分子大小有一定要求，当体积很大的分子插入石墨层时，由于空间位阻效应，插层不易进行。插入剂可利用液差、静电作用进入层与层之间。利用石墨的反应特性，将天然石墨经特定的化学处理，使其形成某种层间化合物，即 GIC。

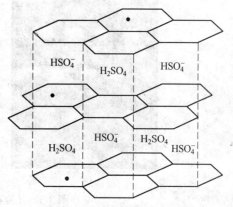

例如，工业上多采用硫酸为插层剂制备可膨胀石墨（Expandable Graphite，简称 EG），反应过程中，石墨表层带正电，带负电的酸根 HSO_4^- 与硫酸分子一起进入石墨层间，插入层间的硫酸对可膨胀石墨的膨胀起到关键作用，制备中发生的化学反应为：

$$24nC + mH_2SO_4 + 1/2O_2 \longrightarrow C_{24}^{n+}(HSO_4^-) + (m-1)H_2SO_4 + 1/2H_2O \qquad (3-1)$$

由此制备的硫酸插层的 GIC 结构，如图 3-3 所示。

图 3-3 硫酸插层的 GIC 结构

3.3.2 石墨层间化合物的结构特征

石墨层间化合物的晶体结构特点是外来反应物形成了独立的插入物层，并在石墨的 c 轴方向上有规则地插入和排列形成的超点阵。在垂直于碳层平面的方向上，插入物质以一定周期占据各个范德华力间隙，形成阶梯结构，n 阶结构的周期为 n，例如：

一阶层间化合物。石墨层与插层剂是一层相间，此时插层剂插入量较大。

二阶层间化合物。每隔两层石墨层插入一层插层剂。

三阶层间化合物。每隔三层石墨层插入一层插层剂。

其他依次类推，至今已合成 10 到 15 阶层间化合物，石墨插层化合物阶结构示意图，如图 3-4 所示。即使在插层剂相同时，由于氧化程度和反应条件的差异往往也会形成不同插层阶数的 GIC。插层的阶数越小，插层越充分。阶数越高，插层剂量越少，阶数不同的 GIC 往往表现出不同的膨胀倍率。工业生产的 GIC 的插层阶数往往并不如此规整，而是不同阶数或多种产物的混合物。

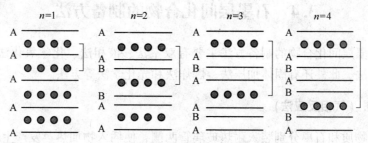

图 3-4 石墨插层化合物阶结构示意图

插入物质进入范德华力间隙后，碳层的堆垛顺序由原来的 ABAB（或 BABA）变为

AA（或 BB）。阶梯结构的形成与插入物质的种类、组分、合成等有关。

在同一范德华力间隙中，插入物质原子或分子可以不同的概率占据各间隙位置，形成二维有序结构。这种结构的形成既与插入物质的种类、组分有关，也与材料的温度有关。随温度的升高或组分的变化可发生有序无序相变。几种石墨层间化合物填充模型，如图3-5 所示。

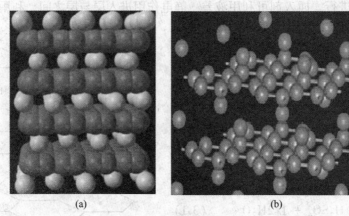

(a)　　　　　　　　　　　(b)

图 3-5　几种石墨层间化合物填充模型

（a）石墨层间化合物 KC8 的空间填充模型；（b）石墨层间化合物 CaC6 的结构

插入物质插层的过程就是一个电子转移的过程。对于离子型 GIC，插入物质的原子或分子以离子的形式存在于范德华力间隙中。施主型 GIC 中，插入物质失去电子成为正离子，如 K-GIC；受主型 GIC，插入物质获得电子成为负离子，如 Br-GIC。

插入物质进入石墨主体后，造成碳层层间距增大，即在高温下石墨主体体积发生膨胀。插入物质后层间距可以增大数十倍，特别是可膨胀石墨，由于层间插入物受热汽化产生的膨胀力可以克服层间结合的分子间力，从而沿 c 轴方向膨胀了数十倍到数百倍。表3-1 为常见插层剂插入石墨层间距的变化。

表 3-1　插层剂插入石墨层间距的变化

插入物	K	Rb	Cs	Li	H_2SO_4	HNO_3	Br	$FeCl_3$
层间距/Å	5.41	5.65	5.94	3.70	7.98	7.82	7.0	9.38

注：1Å = 0.1nm。

3.4　石墨层间化合物的制备方法

常用的石墨层间化合物的制备方法主要有双室法、液相法、化学氧化法、电化学法、溶剂法、熔融法，此外还有固体加压法、爆炸法和光化学法等方法。

3.4.1　双室法（气相反应法）

将待插入物质和石墨分别装入耐热玻璃管两侧，使插入物加热蒸发产生的蒸汽与石墨反应。插入物质一侧的温度要高于石墨一侧的温度，以利于插入物质形成蒸汽，同时防止生成的层间化合物在温度过高时发生分解反应。碱金属-GIC、卤化物-GIC 的合成常用此法。

双室法的优点是可以控制 GIC 的阶指数和结构，反应结束后易将产物和反应物分离。其缺点为反应装置复杂，难以进行大量的合成，且反应时间长，反应温度高，需在真空条件下操作，生产成本高。

3.4.2 液相法

将呈液态的插入物质与石墨混合，进行反应而生成石墨层间化合物，反应中温度、时间对产物的阶结构有很大影响。如酸化粒子就是将强酸在氧化剂作用下与石墨反应而成。近年来采用熔盐法，把固相反应物和石墨样品混合后，在一定温度下，熔融的反应物很快与石墨发生反应，生成 GIC，有人也称它为混合液相法。用这种方法已经合成了不少二元或三元 GIC。

这种方法设备简单，反应速度也快，对大量样品的合成很有效，尤其适合于合成三元 GIC。而且可以利用改变原始反应物石墨和插入物的比率达到所希望的阶结构与组成；如 Br-GIC、H_2SO_4-GIC。缺点是阶结构不易控制，生成物不易分离，有时需要较高的温度，形成的产物不稳定，如果液相中组分多，还可以形成不稳定的多元石墨层间化合物。用液相法合成低硫 GIC，通过使用双氧水替代了部分浓硫酸，得到低硫产品，说明液相物质多元化，可根据具体的要求选择相应的反应物。

3.4.3 化学氧化法

化学氧化法是工业上应用最多和最成熟的方法。由于石墨是一种非极性材料，单独采用极性小的有机或无机酸难以插层，一般必须使用氧化剂。化学氧化法一般是将天然鳞片石墨浸泡在氧化剂和插层剂的溶液中，在强氧化剂的作用下，石墨被氧化而使石墨层的中性网状平面大分子变成带有正电荷的平面大分子，由于带有正电荷的平面大分子层间同性正电荷的排斥作用，石墨层间距离加大，插层剂插入石墨层间，成为 GIC。其中液体氧化剂多采用 HNO_3、$HClO_4$、H_2O_2，固体氧化剂多采用 $K_2Cr_2O_7$、$KMnO_4$、$KClO_4$、$NaClO_3$ 等。使用中可以先把氧化剂和石墨混合后，再加入到浓硫酸中搅拌，也可以先把氧化剂溶解于浓硫酸中，再与石墨混合，经一段时间的反应后，经水洗干燥，即可得到 GIC。

3.4.4 电化学法

电化学法准备 GIC 时，不用其他氧化剂，主要以插入物的溶液，包括有机溶液和无机溶液或熔融盐为电解质，以石墨为电极形成的电化学体系。将石墨作为阳极，通直流或脉冲电流，经过一定的氧化时间，取出产物，水洗干燥后即为 GIC。通过调节电位、电量去控制产物的阶结构。

该法合成设备简单，合成量大，且产物结构稳定。在石墨层间化合物合成上，该法不足之处是合成产物的稳定性差，对设备要求较高，且在水溶液中高电流下有副反应发生而很难得到一阶化合物。

目前，利用电化学法，以 $FeCl_3$-HCl，$ZnCl_2$ 为电解质，已成功合成了 $FeCl_3$-GIC、$ZnCl_2$-GIC，并在 KBr 的水溶液中，将溴插入到石墨中，结果石墨质量增加了 10%，电阻率下降了 30%。

3.4.5　溶剂法

将某些金属或金属盐溶于非水溶剂中与石墨反应，常用的溶剂有：液氨、$SOCl_2$ 加有机溶剂（如苯）、萘加二甲氧基乙烷等。比如碱金属和碱土金属溶于液氨中，与石墨反应后生成金属-NH_3-石墨三元 GIC。还有的金属可用有机溶剂溶解，把石墨在这种溶剂中浸渍后，就可生成 GIC，如碱金属-有机物-石墨三元 GIC。

该法能在常温下大量合成，但反应慢，阶结构难以控制，易生成三元石墨层间化合物，稳定性差。K、Li 在溶液中插层经过 2300℃ 石墨化的焦炭，生成了三元化合物；Na 插层经过 1700℃ 石墨化的焦炭，生成三元化合物，溶剂分子共插层与溶剂分子大小有关。

3.4.6　熔融法

直接将石墨与反应物混合，用单热源加热反应而制得石墨层间化合物。

该法反应速度快，反应系统和过程简单易操作，适于大量合成。但如何除去反应后附在石墨层间化合物上的反应物，以及获得阶结构与组成一致的石墨层间化合物是一个值得探索的方面。

用几种插入物混合加热插入石墨形成石墨层间化合物，其原理就是利用了几种物质混合后共熔点降低，降低了石墨层间化合物的生成反应温度。如反应中以 $FeCl_3$ 和 $AlCl_3$ 为插层剂，在低温 200℃ 时，首先进入石墨层间的是 $AlCl_3$，当 $AlCl_3$ 反应到一定程度后，随着反应温度的升高，$AlCl_3$ 与 $FeCl_3$ 发生交换反应，层间 $AlCl_3$ 的含量逐渐减少，而 $FeCl_3$ 的含量逐渐增多，而且在此过程中生成了 $FeAlCl_6$ 的中间产物。

3.4.7　加压法

将碱土金属和稀土金属等粉末与石墨基体按一定比例均匀混合后，在加压条件下加温一段时间后，靠插入物在石墨中的扩散生成 M-GIC。采用加压法将锂插入石墨，开辟了一条合成 M-GIC 的新方法。通过加压法首次将稀土金属 Sm、Eu、Tm 和 Yb 插入石墨层间，开创了稀土石墨层间化合物的合成新途径。

但采用加压法合成 M-GIC 存在一个问题，即只有当金属的蒸汽压超过某一阈值时，插入反应才能进行；然而，温度过高，易引起金属与石墨生成碳化物，发生副反应，所以反应温度必须调控在一定范围内，因此适用于低熔点金属。

3.4.8　爆炸法

爆炸法中一般以 $HClO_4$、水合 $Mg(ClO_4)_2$、水合 $Zn(NO_3)_2$ 等作为膨胀剂制得与石墨的混合物。加热时，它能同时产生氧化相和插层物，从而产生"爆炸"式的膨化，制得 GIC。当用 $HClO_4$ 做膨胀剂时产物中只有膨胀石墨，而用金属盐做膨胀剂时产物中还有金属氧化物，使膨胀石墨表面得到改性。该法简单、省时、可设计，只是纯度较低。

目前，应用上述方法已经合成了几百种 GIC，而上述几种合成方法各有优缺点，应当根据制备要求选择相应的方法，表 3-2 列出了 GIC 分类、插入物和可能的插入方法。

目前在研究插层机理方面，电化学法是首选，通过控制电极电压、电流的大小可以控制阶结构。电极电压过高或过低都不利于插层反应的进行，只有在一定的电压范围内，才能保证反应的发生，此时电压越大，产物阶数越小。在制备膨胀石墨方面，液相法由于适用于制备大量产物、控制成分、反应速度快等优点，在实际应用中最广泛。电化学氧化法包括强酸、强氧化剂、过硫酸铵及电解氧化法等，主要用来制备共价型石墨层间化合物。

表 3-2　石墨间化合物的分类、插入物及可能的插入方法

结合型	插入物的电子状态	插入物类型	插入物举例	可能的插入方法
离子键结合型	施主型（donor）	碱金属	Li, K, Rb, Cs	气相法　液相法　溶剂法
		碱土金属	Ca, Sr, Ba	气相法　固相法
		过渡型金属	Mn, Fe, Ni, Co, Zn, Mo	气相法　溶剂法
		稀土金属	Sn, Eu, Yb	气相法
		金属—汞	K-Hg, Rb-Hg	液相法　气相法
		金属—液氨	$K-NH_3$, $Ca-NH_3$, $Eu-NH_3$, $Be-NH_3$	气相法　溶剂法
		钾—氢	K-H, K-D	液相法　气相法
		碱金属—有机溶剂	K-THF, $K-C_6H_6$, K-DMSO（二甲基亚矾）	液相法　溶剂法
	受主型（acceptor）	卤素	Br_2, Cl_2, I_2, ICl, IBr, IF_5	气相法
		过渡金属氯化物	$MgCl_2$, $FeCl_2$, $FeCl_3$, $CuCl_2$, $NiCl_2$	气相法、溶剂法、电化学法
			$AlCl_3$, $CoCl_2$	溶盐法
		五氟化物	AsF_5, SbF_5（$SbCl_5$）, N_6F_5, X_eF_5	气相法
		强氧化物	CrO_3；MoO_3	电化学法　液相法
		强氧化性酸	$HClO_4$, HNO_3, H_2SO_4, H_3PO_4	液相法　电化学法
		弱酸	HCl, HF	液相法　电化学法
共价键结合型			F（氟化石墨）O（OH）（石墨酸）	气相法　液相法

3.5　石墨层间化合物的性能及应用

石墨由于其特有的化学成分、电子结构和结晶结构而具有极优异的性能。GIC 除具有石墨的许多性能外还具有许多石墨不具有的新性能，其性能与石墨和插层剂之间的电荷转移、插入剂在石墨层间的分布等有关。表 3-3 列出了利用石墨层间化合物的可能性。

表 3-3　利用石墨层间化合物的可能性

导电材料	高导电材料	AsF_5, SbF_5, $SbCl_5$, HNO_3, M_1CIx
	超导体材料	K, Rb, Cs, K-Hg, M_2-Bi
电池材料	一次电池	$(CF)_n$, $(C_2F)_n$, TiF_4
	二次电池	K, $NiCl_2$
	温差电池	Br_2
有机反应试剂及催化剂	聚合反应	K, Li
	与卤素有关的反应	Br_2, $SbCl_5$, AsF_5
	氨合成	K, $K-FeCl_3$

气体的贮藏，浓缩	酸化	H_2SO_4
	氢的贮藏	K
	氢的浓缩	K
其他	膨胀石墨的制造	H_2SO_4，HNO_3，H_3PO_4，M_2-FHF
	润滑剂	$(CF)_n$
	金刚石合成催化剂	Fe，Co，Ni

注：M_1 为过渡族金属，M_2 为碱金属。

3.5.1　石墨层间化合物的插层剂的功能

通过插层剂的插入处理，GIC 的功能可以分为四类：

(1) 通过插入处理增加了新功能，如高导电性。

(2) 通过插入处理使插层剂的功能显著增强，如电池材料、催化剂和润滑剂等。

(3) 在 GIC 中增加了功能性空间，如吸氢材料。

(4) 通过 GIC 的合成与分解创造了新功能，如温差电池与膨胀石墨等。

3.5.2　石墨层间化合物的应用

3.5.2.1　高电导率材料

自从 1976 年美国 Vogel 教授报道了 SbF_5-GIC 具有比 Cu 更高的电导率，约为 Cu 的 1.3 倍，高导电 GIC 一直是人们研究的热点。石墨材料本身是一种半金属，a 轴方向平面上电导率为 2.5×10^6 S/m，而沿 c 轴方向的电导率要小得多。在石墨层间化合物形成的过程中，离子型 GIC 中主体石墨和客体插层剂之间发生电荷转移交换，产生新的功能粒子——载流子（电子、空穴）。因此插层剂的插入使其载流子的浓度随施主型石墨层间化合物中的传导电子或受主型石墨层间化合物中的空穴的增加而增大，因此导电性能增强，形成高导体或超导体。目前发现的高电导率石墨层间化合物的插入物质主要有五氟化物（AsF_5、SbF_5）、金属氯化物（$CuCl_5$、$FeCl_2$）、氟（F_2）、残留氯化物、掺铋的碱金属（K）五类。由五氟化物制备的石墨层间化合物，其室温电导率达 10^8 S/m，比金属铜还高，但是五氟化物的腐蚀性和毒性限制了它的生产和使用。由金属氯化物 $CuCl_5$、$FeCl_2$ 等合成的石墨层间化合物的电导率约与铜相当，为 10^7 S/m，并且这种材料在空气和许多有机溶剂中稳定性好，且密度低，有着良好的应用前景。用 $CdCl_2$ 插层的石墨纤维可以承受 5.4×10^4 A/cm^2 的电流密度。目前国际上对高导电的 GIC 的研究向三元化发展，利用插入物之间的相互作用使 GIC 具有更高的电导率和稳定性。有报道将碱金属和铋同时作为插层剂得到的三元 GIC 作为超导材料，其分子式为 MBi_xC_{4n}，其中 M = K、Rb、Cs、n 为阶指数。

影响 GIC 电导率的因素有石墨原料、插入剂种类，合成方法和阶结构等。一般石墨化程度越高的原料所得到的 GIC 导电率也越高，阶结构对电导率影响也十分显著，一般 2～4 阶显示较高的电导率。

3.5.2.2 新型电池、电极材料

利用石墨层间化合物合成和分解时具有的能量转换的功能，人们已经成功地制成了各种一次和二次电池。通常以石墨层间化合物作为阴极，以锂为阳极，或以石墨层间化合物复合氧化银作为阴极，锌为阳极。目前，氟化石墨、石墨酸及 $AuCl_3$ 和 TiF_4 等金属卤化物的石墨层间化合物已应用到电池中。特别是二次锂离子电池（如图 3-6 所示）的成功开发，已大量地用于市场。二次锂离子电池具有高能量密度、高工作电压（3.6V）、循环性好、无记忆性、安全及无污染等特点，主要用于便携式电子产品，如图 3-7 所示，如笔记本和手提电话，目前正在向动力电源方向迈进，如电动车等。

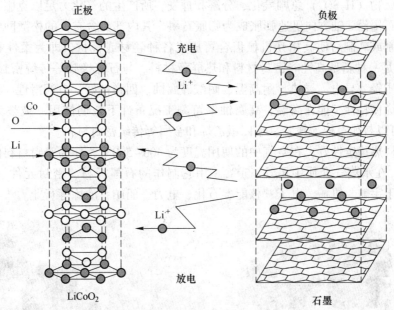

图 3-6 二次锂离子电池的结构

图 3-7 锂离子电池的应用

作为碱性二次电池的电极材料，$Ni(OH)_2$-$Fe(OH)_3$-GIC、$Ni(OH)_2$-$Cu(OH)_2$-GIC 表现出良好的充放电性能，该类电极材料在高电流密度下有良好的放电平台和较低的超电

位。用高纯的 GIC 复合材料作普通锌锰电池（干电池）的电芯，制成的干电池的开路电压、短路电流、负荷电压均高于用乙炔黑作电芯生产的电池。GIC 复合材料还可应用在无汞高能电池（碱性氧化银高能电池）的阴极材料中作为导电介质，与用土状石墨相比，用量少，导电性强，且制成的电池具有电压高且平稳、能量密度大、体积小、重量轻等特点。

3.5.2.3　密封材料

在硫酸中加入硝酸、高锰酸钾或过氧化氢等氧化剂对石墨进行化学或电化学处理生产 GIC，再经水洗、烘干除去大部分插层剂，再将其在 900~1100℃ 的高温下快速加热。由于残留的插层物（H_2SO_4）急剧气化、分解和挥发，所产生的气化力足以克服石墨层间的范德华力使石墨沿 c 轴方向迅速膨胀成为膨胀石墨。其内部为含有大的松散网络状的多孔结构，经压制或轧制后使其相互机械齿合可压成各种卷材或板材，即为柔性石墨（如图 3-8 所示），是一种新型高性能密封材料和热屏蔽材料。与石棉橡胶等传统密封材料相比，因为它具有质轻、导电、导热、耐高温、耐酸碱腐蚀、回弹性好、自润滑性、可塑性和化学稳定性等优良特性，能在高温、高腐蚀等苛刻工况条件下长期使用。被誉为世界"密封之王"，可以替代石棉、橡胶、聚四氟乙烯和金属等传统密封材料。

这种材料热稳定性好，在空气中的使用温度为 400~500℃，作为密封材料使用时温度可达 600℃，在水蒸气介质中可达 650℃。用它制作的石墨板材、密封元件（见图 3-9）被广泛应用于宇航、机械、电子、核能、石化、电力、船舶、冶炼等行业。

图 3-8　柔性石墨　　　　　　　图 3-9　石墨带状密封垫片

3.5.2.4　贮氢、同位素分离材料

碱金属（K、Cs、Rb 等）-GIC 具有孔隙空间，可以吸附氢达到贮存和分离氢同位素的效果。K-GIC 做贮氢材料，和氢反应可生成两种化合物：一种是在室温附近化学吸附氢，生成 $KC_8H_{0.67}$；另一种是在氮气的液化温度附近物理吸附氢，生成以 $KC_{24}(H_2)_{1.9}$ 为主的二阶化合物，每 100g 的 KC_{24} 可贮氢 13.71L。用低温型 K-GIC 储氢，具有吸氢后化合物尺寸几乎不变、吸脱氢完全可逆、速度快、可通过加热和抽真空进行脱附、有杂质时性能不降低等一系列优点。二阶 KC_{24} 具有与一阶 KC_8 不同的同位素分离效应，KC_8 在吸附过程中

浓缩了 H，而 KC_{24} 浓缩了重氢（D）。因此根据二阶 GIC（KC_{24}）和一阶 GIC（KC_8）不同的同位素分离效果，K-GIC 可用于 H 同位素的分离。CsC_{24} 和 RbC_{24} 除吸附氢外，还吸收 N_2、Ar、CH_4 等气体。研究表明，利用碱金属-GIC 同位素效应来分离 H、D、T，其效果比分子筛更好。利用这一特性还可以应用于原子材料，核反应炉的燃料的浓缩。

3.5.2.5　催化剂材料

由于石墨层间化合物的内表面积非常大，而且具有选择性的吸附作用，所以可以用做催化剂，表 3-4 列出了一些 GIC 作为催化剂应用示例。

GIC 在催化剂方面的作用大致有两种，作为催化剂起作用和层间插入物成为反应物。前者又有两种情况：一是 GIC 不发生变化；二是参与了中间反应，但最终完全还原。GIC 因其分子尺度的空间结构特点使插入物表面积大大增加，从而使催化剂的效率大幅度提高。例如，碱金属-GIC 能使 C—H 键断裂，催化有机加氢、脱氢等反应，对乙烯、苯乙烯、二烯烃的聚合反应也有催化作用，如苯乙烯和异戊二烯合成交替共聚物时采用 Li-GIC 做催化剂，可以达到很好的效果。K-GIC 对多种有机反应都有高效催化活性作用，如苯与氢合成环己烷的反应、甲烷分子中氢和重氢的置换反应、乙烯聚合、丁二烯聚合、异戊间丁二烯聚合反应等；碱金属-金属氯化物-GIC 在 N_2 和 H_2 合成氨以及 H_2 和 CO 合成碳氢化合物等反应中表现出了很强的催化能力，如 $K-FeCl_3$-GIC 在合成氨反应中使反应体系在 350℃低气压、10h（小时）转化率达 90%；溴-GIC 能催化有机溴化反应，是一种选择性强、效率高的溴化剂。使用 GIC 作催化剂，可以提高效率，降低合成成本，使某些反应在更加温和、可控制的条件下进行。

表 3-4　GIC 作为催化剂的应用示例

GIC	应用场合	反应特点			研究者
KC_8	乙烯聚合	200℃	6.8MPa	21h 高收率	Podall 等
	丁二烯聚合	30℃		15h 收率 80%	Parrod 等
	异戊间二烯聚合	25℃		16h 收率 90%	Anderson 等
	苯加氢（脱氢）	250℃	10MPa	高收率	Ichikawa 等
KC_{37}	异戊间二烯聚合	15℃		76h 收率 95%	Merle 等
LiC_{12}	异丁烯酸甲酯聚合	65℃		48h 收率 80%	Merle 等
$FeCl_3$-K	合成氨	350℃低气压		10h 转化率 90%	Ichikawa 等
$SbCl_5$（1 阶）	C—H 化合物异构化	室温		4h 转化率 91%	Laali 等
$SbCl_5$	卤素转化	苯中以 Cl 置换 Br，转化率 98%			Setton 等
Br	苯溴化	具有高选择性			Kagan 等
H_2SO_4（或 HNO_3）	酯化反应	1-20h 收率 90%			Setton 等

3.5.2.6　新型环保材料

高温膨化得到的石墨层间化合物，具有丰富的孔结构，因而有优良的吸附性能，所以在环保有广泛的用途。石墨层间化合物的孔结构有开放孔和封闭孔两种，孔容积占 98% 左右，而且以大孔为主。它适于液相吸附，由于石墨表面的非极性，在液相吸附中它亲油疏水，因而是一种很有前途的清除水面油污染的环保材料，用于处理低含量乳化状态的含油或有机废水。有研究表明，1g 膨胀石墨可以吸附 80g 以上的重油。利用其对污染物的吸附，可以达到治理污染的目的。膨胀石墨又是一种良好的微生物载体，在工业废水的治理、大气污染和水污染的治理上有着广泛的应用前景。

3.5.2.7　阻燃防火

由于石墨层间化合物的可膨胀性及其耐高温性，使得石墨层间化合物在防火上广泛使用。将可膨胀石墨作为膨胀阻燃剂添加到树脂中使用，当有火灾发生或树脂表面温度很高时，树脂中的可膨胀石墨将会迅速发生膨胀，因吸热降温和隔绝空气而达到灭火的目的。当用于防火密封条时，膨胀后的石墨由原鳞片状变成密度很低的蠕虫状，形成一个非常好的绝热层。膨胀后的石墨薄片既是膨胀体系中的碳源，又是绝热层，能有效隔热。并且其自身在火灾中的热释放率很低，质量损失很小，产生的烟气很少。

3.5.2.8　新型发热材料

GIC 复合材料可用于家用电器如取暖设备、各种厨具和热器具的加热元件，用它制成的远红外辐射膜具有谐振效应、内生热效应、微波效应和磁场效应，可治疗各种慢性病。GIC 复合材料也可用于医疗保健器械的新型远红外材料，还可用于工业加热设备，用于烤漆、印漆、中草药、食品、机械等加热设备及各种保温、干燥设备的加热。

3.5.2.9　屏蔽材料

GIC 经高温膨胀后得到的膨胀石墨粉碎成微粉，对红外波具有很好的散射吸收特性，是很好的红外屏蔽材料，在军事的光电对抗中有重要作用。

此外，GIC 在分子筛超细粉材料、磁性材料、生物体功能材料等方面均有一定的应用研究。

 复习思考题

3-1　石墨材料层与层之间主要是靠什么力结合的？

3-2　石墨层间化合物是如何分类的，各类石墨层间化合物具有什么特点？

3-3　石墨层间化合物有哪些结构特征？

3-4　石墨层间化合物的 a 轴方向的电导率通常都高于原石墨，试分析其原因。

3-5　简述石墨层间化合物的制备方法及其各种方法的优点和缺点。

3-6　简述石墨层间化合物的主要应用领域。

4 富 勒 烯

4.1 概 述

1985 年，Kroto 和 Smalley 等采用质谱仪研究激光蒸发石墨电极粉末，发现在不同数量碳原子形成的碳簇结构中包含 60 个和 70 个碳原子的团簇具有更高的稳定性，受美国著名拱形建筑专家 Richard B. Fuller 设计的拱形屋顶（由五边形和六边形组成）启发，他们提出由 60 个碳原子构成的稳定结构，即 C_{60} 的足球分子模型，如图 4-1 所示。它是由 60 个顶角，12 个五元环和 20 个六元环组成的类似足球的空心球状结构，由于它是由 60 个碳原子组成的，所以称它为 C_{60}。Curl、Kroto 和 Smalley 同时将具有相似结构的这一类物质（如 C_{36}、C_{70}，C_{180} 等）命名为富勒烯，并获得 1996 年的诺贝尔化学奖。

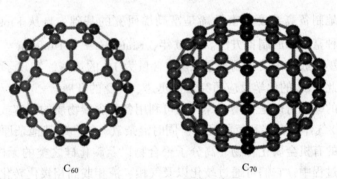

C_{60} $\qquad$ C_{70}

图 4-1 C_{60}、C_{70} 结构示意图

富勒烯是继石墨、金刚石之后，人们发现碳元素存在的第三种晶体形式，其分子式为 C_n，是一种完全由碳组成的中空分子，形状呈球形、椭球形、柱形或管状，如图 4-2 所示。这类碳化合物组成的碳笼原子又被称为巴基球、球烯、足球碳等。目前发现最小的富勒烯为 C_{20}，已知的 n 值最大为 540。在富勒烯家族中含量最多的分子是 C_{60}，其次为 C_{70}、C_{76}、C_{78}、C_{82} 和 C_{84} 等。碳数在 70 以下的分子称为富勒烯；碳数介于 70~100 的分子称为大富勒烯；碳数大于 100 的称为巨富勒烯。

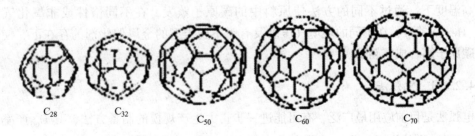

C_{28} $\qquad$ C_{32} $\qquad$ C_{50} $\qquad$ C_{60} $\qquad$ C_{70}

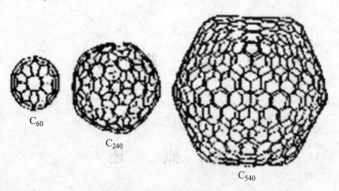

图 4-2　富勒烯的笼状结构系列

由于富勒烯特殊的结构和性能，在材料、化学、超导与半导体物理、生物等学科和激光防护、催化剂、燃料、润滑剂、合成、化妆品、量子计算机等工程领域具有重要的研究价值和应用前景。

4.2　富勒烯的制备

大量低成本地制备高纯度的富勒烯是富勒烯研究的基础，自从 Kroto 发现 C_{60} 以来，人们发明了许多种富勒烯的制备方法。1990 年，Kratschmer 和 Huffman 等人首次用电弧放电方法，通过石墨的放电蒸发，制得了 C_{60} 的含量为 1% 的烟灰。实现了富勒烯合成史上的重大突破。至此，C_{60} 的化学反应研究才能迅速、广泛的开展。

形成富勒烯的碳源可以是石墨、煤，也可利用各种含碳物质的热解或转化来获得。如含有氧和碳的 CO 气体，含碳和氢的烃类，同时混杂氧、氮和硫其他杂原子的低分子有机化合物，低沸点的有机金属化合物、高分子聚合物以及碳化硅之类的无机物等。在加热，特别是催化加热过程中，它们可通过歧化以及气相、液相或固相炭化转化为高碳或纯炭质材料，在条件合适时能部分形成或完全转化为富勒烯。

目前，已有十多种合成富勒烯的方法相继问世，较为成熟的富勒烯的制备方法主要有电弧法、热蒸发法、燃烧法和化学气相沉积法、激光法等。

4.2.1　碳蒸发法

碳蒸发法包括电弧法、电阻加热法、电子束辐照法、激光蒸发石墨法、真空热处理法、等离子法和太阳能法。其共同特点是：用人造或天然石墨或者含碳量高的煤做原料，在极高温度下，通过不同的方法使原料中的碳原子蒸发，在不同惰性或非氧化气氛中（Ar、He、N_2 等），在不同的环境气压以及有无不同类型的金属催化剂的存在下，使蒸发后的碳原子簇合成富勒烯。

4.2.1.1　电弧法

电弧法是目前应用最广泛、有可能进一步扩大生产规模的制备方法，其 C_{60} 产率可达 10%~13%，为其物理、化学的研究奠定了基础。电弧法制备碳纳米管产率约为 30%~

70%，在电弧放电的过程中能达到4000K的高温，这样的温度下碳纳米管最大限度地石墨化，所以制备的管缺陷少，比较能反映碳纳米管的真正性能。但由于电弧放电通常十分剧烈，难以控制进程和产物，合成的沉积物中存在有碳纳米颗粒、无定形碳或石墨碎片等杂质，而且碳管和杂质融合在一起，很难分离。

常用的电弧法主要由传统电弧法和水下放电法。

A　传统电弧法

将电弧室抽成高真空，然后通入惰性气体如高纯氦气或氩气，气体压力一般为0.02 MPa。正常状态下，气体具有良好的电气绝缘性。电弧室中安置有制备富勒烯的阴极和阳极，阴极材料通常为光谱级石墨棒，直径为10~40mm，在制备过程中不损耗。阳极材料一般为石墨棒，也可以采用冶金焦或沥青制成的碳棒，其直径一般为几毫米到30mm。为了更加有效的制备富勒烯，通常在阳极电极中添加Cu、Ni、Bi或WC等粉体作为催化剂。在阳极石墨棒上钻孔，将催化剂和炭粉的混合物置于孔中。对于冶金焦或沥青制成的碳棒，则是在电极制备过程中直接添加催化剂。

当两根高纯石墨电极靠近进行电弧放电时，炭棒气化形成等离子体，在惰性气氛下小碳分子经多次碰撞、合并、闭合而形成稳定的C_{60}及高碳富勒烯分子，它们存在于大量颗粒状烟灰中，沉积在反应器内壁上，收集烟灰提取纯化。

电弧法中的电极材料、保护气体的种类和压力、电弧室温度、催化剂、电极的几何形状与极间距、电流大小是影响富勒烯产率的主要因素。电弧法非常耗电、成本高，是实验室中制备空心富勒烯和金属富勒烯常用的方法。特别是对于各种富勒烯新结构的合成，绝大多数是采用该法实现的。富勒烯制备直流电弧炉及电弧法实验装置如图4-3和图4-4所示。

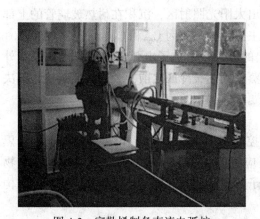

图4-3　富勒烯制备直流电弧炉

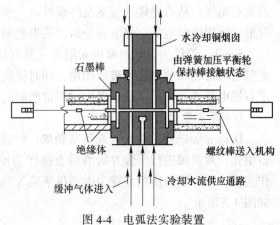

图4-4　电弧法实验装置

B　水下放电法

水下放电法将电弧室中的介质由惰性气体换为去离子水，采用直流电弧放电，以碳纯度为99%、直径为6mm的碳棒做阳极，直径为12mm的碳棒做阴极，放入2.5L的去离子水中至其底部3mm的位置，在电压为16~17V、电流为30A的条件下拉直流电弧，产物可在水表面收集。

水下放电法不需要传统电弧法的抽气泵和高度密封的水冷真空室等系统，免除了复杂昂贵的费用，可进一步降低反应温度，能耗更小，并且产物在水表面收集，而不是在整个有较多粉尘的反应室。与传统电弧法相比，此法产率及质量均较高。此法可制备出球形洋葱富勒烯、像富勒烯似的碳纳米粒子、类似碳纳米管和富勒烯粉末。

4.2.1.2 热蒸发法

A 激光蒸发石墨法

1985 年 Kroto 等发现 C_{60} 就是采用激光轰击石墨表面，使石墨气化成碳原子碎片，在氦气中碳原子碎片在冷却过程中形成含富勒烯的混合物。由飞行质谱检测到的 C_{60} 的存在。但它只在气相中产生极微量的富勒烯。经研究发现 C_{60} 可溶于苯（相似相溶）。随后的研究表明其中还包含着分子量更大的富勒烯。此后发现在一个炉中预加热石墨靶到 1200℃ 可大大提高 C_{60} 的产率，但用此方法无法收集到常量的样品，且制备纳米碳管的成本较高，难以推广应用。

B 电阻加热石墨蒸发法

将石墨粉和镍粉按摩尔比 5∶1 混合搅拌均匀后装入石墨坩埚，然后将石墨坩埚放入型号为 HZS-25 的真空烧结炉中进行真空热处理。热处理分两步进行，首先将混合物加热到 800℃，保持时间 1h，升温速率为 25℃/min，样品随炉冷却后取出。然后将此样品再以 1800℃、1900℃ 和 2000℃ 不同的温度进行第二次真空加热，保温时间、升温速率分别为 2 h 和 25℃/min，真空度均保持在 $1.0 \times 10^{-3} Pa$。

C 太阳能石墨蒸发法

Smalley 等利用聚焦太阳光直接蒸发石墨的方法合成得到了较高产率的富勒烯。该法利用一个抛物镜面将太阳光聚焦到一直径为 0.4 mm 碳棒的顶部，安装碳棒的耐热玻璃管内充有氩气。从石墨棒顶端蒸发的碳被氩气带出太阳光照射区，沉积在耐热玻璃管的上部管壁。沉积物经收集、提取和分析，结果表明主要产物确实为 C_{60} 和 C_{70}。

Smalley 等认为，利用聚焦太阳光蒸发石墨的方法，避免了电弧放电过程中的强紫外光辐射对富勒烯的光化学破坏作用，同时使碳蒸气到达缓冷区之前不会凝结成碳块，解决了石墨电弧或等离子体法中遇到的产量限制问题。

D 等离子体乙炔炭黑蒸发法

Delden 等选用乙炔炭黑制备富勒烯，炉温控制在 1900~2000K，以避免超温引起炭黑石墨化，对炭黑进行干燥并研磨后直接作为反应物或加入 25% 的二茂铁配成均匀混合物作为反应物。实验所用装置为中国科学院等离子所研制的 800W 微波功率源，其主体结构如图 4-5 所示。

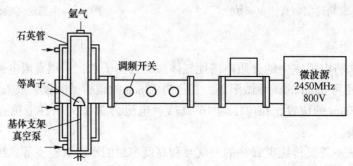

图 4-5 电微波等离子体装置图

制备富勒烯也可以采用电弧等离子蒸发装置，其制备条件为：氦气压力 0.018~0.020 MPa，直流电流 80~100A。富勒烯产物存在于所制得的烟灰中，这些烟灰沉积在电弧反应器的内壁上。

4.2.2 催化裂解法

催化裂解法包括 CO 的歧化，C_2H_2、丙烯等的气相热解和某些有机金属化合物、如二茂铁之类的金属茂的热解。这类方法常用 Fe、Ni 和 Co 等金属作催化剂。根据不同衬底中催化剂的影响，不同热源，不同沉积空间和位置，又分为许多不同的方法。

4.2.2.1 电加热催化热分解法

电加热催化热分解法是制备富勒烯的另一典型方法。电加热催化热分解法实验装置，如图 4-6 所示。其制备过程是在 600~1000℃ 的温度下及催化剂的作用下，将含碳有机气体（如乙炔、一氧化碳、甲烷、乙烯、丙烯和苯等）混入一定比例的氦气作为压制气体，通入除去氧的石英管中，一定温度下，在催化剂表面裂解形成碳源，碳源通过催化剂表面扩散，在催化剂后表面形成碳纳米管或富勒烯。同时推着小的催化剂颗粒前移，直到催化剂颗粒全部被石墨层包

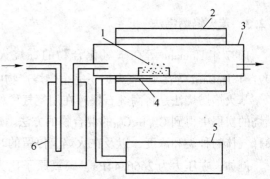

图 4-6 电加热催化热分解法实验装置
1—催化剂；2—电炉；3—石英管；4—热电偶；
5—温度控制；6—气体混合

覆，碳纳米管或富勒烯生长结束。催化剂一般选择 Fe、Ni、Cu 和 Co 颗粒，电加热采用热电偶。

制备过程中催化剂的选择、反应温度、时间和气流量都会影响富勒烯和碳纳米管的质量、产率。因此可以通过催化剂的种类和粒度的选择及工艺条件的控制，来获得较高纯度且尺寸分布均匀的富勒烯和碳纳米管。该法设备简单，原料成本低，产率高，反应过程易于控制，可大规模生产。

4.2.2.2 等离子体热分解法

高频感耦等离子体制备富勒烯的设备，如图 4-7 所示。主要由高频电源、等离子体发生器、高温反应室、骤冷室、收尘室、投料器、测控系统和尾气处理系统几部分组成。

图 4-8 为乙炔等离子体热解实验装置图，实验在常压下进行，工作气体采用工业纯氩气，高纯乙炔气体做原料径向射入等离子体火炬尾烟中，高温分解生成炭灰和氢气经骤冷后随气流抽出，炭灰被收集在布袋收尘器中。实验典型工艺参数为：等离子体板功率 30kW，频率为 4MHz，冷却气流量 $10m^3/h$，尾气流量 $1.25m^3/h$，乙炔气体流量 $0.25m^3/h$。所生的炭灰产量视乙炔投料量不同而不等。

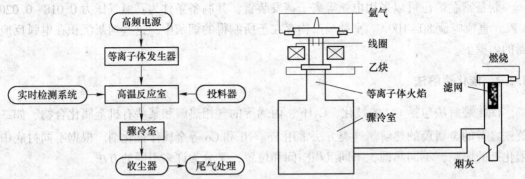

图 4-7　等离子体制备富勒烯的设备流程图　　　　图 4-8　乙炔等离子体热解实验装置示意图

4.2.3　苯火焰燃烧法

1987 年 Homann 等在碳氢化合物的燃烧火焰中首次检测到 C_{60} 和 C_{70} 的质谱信号。1991 年 Howard 等在苯/氧火焰不完全燃烧产物中发现并证实了 C_{60} 和 C_{70} 的存在。

苯火焰燃烧法是将高纯石墨棒在用氩气稀释过的苯、甲苯中,在氧气作用下从不完全燃烧的炭黑中得到 C_{60} 和 C_{70} 的混合物的方法。通过调整温度、压力、碳和氧原子的比例、稀释气体的种类和浓度,以及在火焰上停留的时间,可控制 C_{60} 和 C_{70} 的产率及比率。

例如,在压力为 2666.44Pa、碳氧原子比为 0.995,氩占 10%、气体流速 49.1cm^3/s (298K)、火焰温度 1800K 的条件下,燃烧 1kg 苯可得 C_{60}+C_{70} 共 28 g,C_{60} 与 C_{70} 的比例为 0.86。而通过调整燃烧条件,可使 C_{60} 和 C_{70} 的产率占烟灰总量的 0.003%~9.2%,C_{70}/C_{60} 比值为 0.26~5.7(蒸发石墨得到的 C_{70}/C_{60} 比值在 0.02~0.18)。

由于火焰燃烧法具有可连续进料、操作简单的特点,设备要求低,适用于大量工业生产,因此该法已成为目前工业化生产富勒烯的主流方法。2001 年,大规模生产富勒烯的公司分别在美国和日本成立,其中日本的三菱公司宣称,基于火焰燃烧技术,富勒烯的年产量可达到上千吨。

4.2.4　含碳无机物的转化

在基底温度为 600℃时,用激光直接照射,可在晶化 SiC 里面生成尺寸较大、缺陷较少的富勒烯。此外用电子束辐照电弧放电产生的多面体石墨颗粒也可获得微量的富勒烯。

4.2.5　化学气相沉积法

化学气相沉积法的基本原理为含碳气体流经催化剂表面时分解,沉积生成纳米碳管和富勒烯。这种方法具有制备条件可控、容易批量生产等优点,自发现以来受到极大关注,成为富勒烯和纳米碳管的主要合成方法之一。

4.2.6　有机合成法

尽管石墨电弧放电法和火焰燃烧法已能方便地合成得到富勒烯,但化学全合成法合成 C_{60} 对研究 C_{60} 富勒烯的形成机理、C_{60} 的笼内外修饰都有重要意义。

Rubin 等认为环状的、含 60 个碳原子的多炔烃前驱体（如 $C_{60}H_6$）在一定的条件下能通过骨架异构化形成 C_{60}。Tobe 等也合成出了几种类似的大环炔烃前驱体，并在质谱中证实了这些化合物可以转化为 C_{60}。但是他们的实验都仅仅停留在质谱阶段，都未找到有效的化学合成途径来完成这关键的一步。

2002 年，Scott 等利用 12 步化学合成法得到含 60 个碳原子的多环碳氢化合物 $C_{60}H_{27}Cl_3$，并将真空闪速热解技术（FVP）引入到 C_{60} 的合成中，于 1100℃ 在石英管中得到 0.1% ~ 1.0% 的 C_{60}，首次成功实现了 C_{60} 的有机合成，如图 4-9 所示。

利用 FVP 技术，其他高碳富勒烯，如 C_{78}、C_{84} 也可能通过有机合成的方法合成出来。

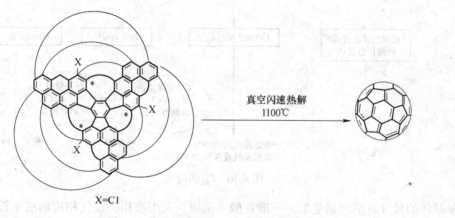

X=Cl

图 4-9　真空闪速热解（FVP）法合成 C_{60}

4.3　富勒烯的提取与分离

4.3.1　富勒烯的纯化

富勒烯的纯化是获得无杂质富勒烯化合物的过程。制造富勒烯的粗产品，即烟灰中通常是以 C_{60} 为主，C_{70} 为辅，还有碳纳米管、无定形碳和碳纳米颗粒的混合物。决定富勒烯的价格和其实际应用的关键就是富勒烯的纯化。富勒烯的纯化包括提取和分离，其纯化流程如图 4-10 所示。

4.3.2　富勒烯的提取

要获得纯的富勒烯必须首先把它们提取出来，常用的方法有萃取法和升华法。

4.3.2.1　萃取法

将所得烟灰溶于苯或甲苯或是其他非极性溶剂（如 CS_2、CCl_4）中，利用 C_{60}/C_{70} 可以溶解而其他成分不溶的特性，将 C_{60}/C_{70} 混合物从烟灰中萃取出来。而后将溶剂蒸发后，留下深褐色或黑色粉末即为 C_{60}/C_{70} 结晶物。

C_{60}/C_{70} 晶体形貌呈现棒状、片状或星形片状，大多数为规则的多边形，如四边形、五边形和六边形晶体。在光学显微镜下，C_{60}/C_{70} 的薄片结晶体呈棕黄色。根据结晶条件，

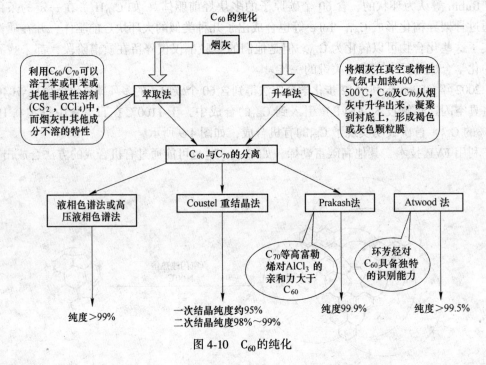

图 4-10　C_{60} 的纯化

C_{60} 单晶体的尺寸从纳米到毫米，一般在微米量级。采用液相法及气相传输法生长的 C_{60} 单晶体长度可达毫米量级。

4.3.2.2　升华法

将烟灰在真空或惰性气体中加热到 $400 \sim 500$℃，C_{60}/C_{70} 将从烟灰中升华出来，凝聚到衬底上，因厚度不同而呈现褐色或灰色底颗粒状 C_{60}/C_{70} 膜，其中 C_{70} 含量约为 10%。

4.3.3　富勒烯的分离

4.3.3.1　重结晶法

利用 C_{60}/C_{70} 在甲苯溶液中溶解度不同，通过简单的重结晶法得到纯度为 95% ~ 99% 的 C_{60}。采用重结晶法，第一次获得 C_{60} 的纯度约为 95%，再次重结晶获得 C_{60} 的纯度约为 98% ~ 99%。

4.3.3.2　液相色谱法或高压液相色谱法

根据固定相不同或分离机理不同，主要分为反相、电荷转移、包容络合等类型。用该法可获得高纯度（大于 99%）的 C_{60}/C_{70} 样品。经液相色谱分离后的 C_{60}/C_{70} 溶液，颜色与高锰酸钾溶液类似，呈绛紫色，而含 C_{70} 的溶液呈橘红色。虽然液相色谱法分离纯度高，但由于设备昂贵，分离量小、分离效率低，极大限制了高纯 C_{60} 样品的制备。

4.3.3.3　柱层析法

最早使用富勒烯提纯的柱层析法是使用中性氧化铝作为固定相，正己烷和正己烷/甲苯做淋洗剂，可以得到一定量的 C_{60} 和 C_{70} 样品。但由于富勒烯的溶解度小，溶剂的消耗量大且操作冗长。改进方法后，如采用硅胶和活性炭作为固定相并改变淋洗剂，将索氏抽提装置与柱层析法结合，取得一定效果。

4.3.3.4 Prakash 法

Prakash 法由于 C_{70} 等高富勒烯对 $AlCl_3$ 的亲和力大于 C_{60}，据此，Prakash 将 C_{60} 与 C_{70} 的混合物溶入 CS_2 中，加入适量 $AlCl_3$，由于 C_{70} 等高富勒烯与 $AlCl_3$ 形成络合物，因而从溶液中析出，C_{60} 仍留在溶液中，如加入少量水，可有利于 C_{60} 的纯化分离，此法分离出的 C_{60} 纯度可达到 99.9%。

4.3.3.5 Atwood 法

Atwood 法用环芳烃（$n=8$）来处理含 C_{60}/C_{70} 混合物的甲苯溶液，由于环芳烃对 C_{60} 独特的识别能力，形成 1:1 包结物结晶，该结晶在氯仿中迅速解离，可以得到纯度大于 99.5% 的 C_{60}，从母液中得到富 C_{70} 的组分。

4.4 富勒烯的结构和性质

4.4.1 富勒烯的结构

富勒烯在结构上与石墨相似，石墨是由六元环组成的石墨烯层堆积而成，而富勒烯不仅含有六元环还有五元环，偶尔还有七元环。即在数学上，富勒烯的结构都是以五边形和六边形面组成的凸多面体。最小的富勒烯 C_{20} 是正十二面体的构造。没有 22 个顶点的富勒烯，之后都存在 C_{2n} 的富勒烯（$n=12$、13、14、…）所有富勒烯结构的五边形个数为 12 个，六边形个数为 $n-10$。

C_{60} 的分子结构为球形 32 面体，它是由 60 个碳原子通过 20 个六元环和 12 个五元环连接而成的，具有 30 个碳-碳双键的足球状空心对称分子，其结构模型如图 4-11 所示。C_{60} 分子中碳原子价都是饱和的，每个碳原子与相邻的 3 个碳原子形成两个单键和一个双键。五边形的边为单键，键长为 0.1455nm，而六边形所共有的边为双键，键长为 0.1391nm。整个球状分子就是一个三维的大 π 键，其反应活性相当高。C_{60} 分子对称性很高。每个顶点存在 5 次对称轴。

4.4.2 富勒烯的晶体结构

C_{60} 的晶体属于分子晶体，晶体结构因晶体获得的方式不同而异，但均系最紧密堆积所成。249K 以上，用超真空升华法制得的 C_{60} 单晶为面心立方结构如图 4-12 所示，低于 249K，则为简单立方分子晶体。

4.4.3 富勒烯的性质

富勒烯之所以引起人们的广泛关注，除了与其特殊的结构有关外，还在于它们具有独

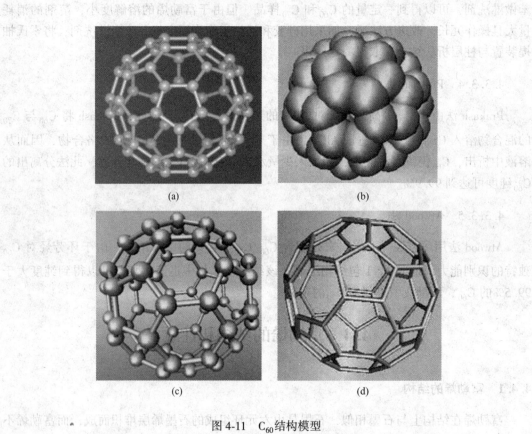

(a)   (b)

(c)   (d)

图 4-11 C_{60} 结构模型

（a）C_{60} 微观空间结构；（b）C_{60} 比例模型；（c）C_{60} 球棒模型；（d）C_{60} 棒模型

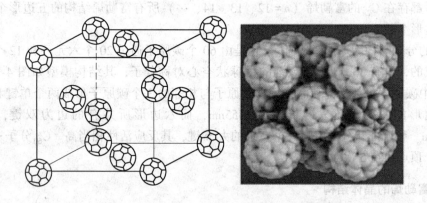

图 4-12 C_{60} 单晶为面心立方结构

特的性质。例如掺钾得到的 KaC_{60} 具有超导性，C_{60} 能进行可逆的氧化还原反应，C_{60} 球笼内可容纳各种金属离子形成的包含物，C_{60} 和四（二甲氨基）乙烯（TDAE）的反应产物具有铁磁性。富勒烯的物理性质包括一般性质、溶解性、磁性、光学性质、波普性质、力学性质和电极化特性以及导电性能等；化学性质包括与金属的反应、自由基反应、亲核与亲电加成反应、氧化还原反应以及热稳定性等。

4.4.3.1 物理性质

A 富勒烯一般性质

C_{60} 分子比较稳定，密度为 $1.7g/cm^3$，能在不裂解情况下升华，C_{60} 晶体升华温度为 400℃。296K 时 C_{60} 单晶体的热导率为 $0.4W/(m \cdot K)$。C_{60} 为淡黄色固体，有微弱荧光，薄膜加厚时转成棕色，在有机溶剂中呈洋红色。C_{70} 为红棕色固体，厚膜时为灰黑色，溶剂中为红葡萄酒色。硬度比钻石还硬，延展性比钢强 100 倍，它能导电，导电性比铜强，重量只有铜的六分之一，它的成分是碳，所以可从废弃物中提炼。

富勒烯晶体（如 C_{60} 固体）由于是由一个个分子堆砌形成的，分子本身的化学键已达到饱和和封闭，不需要其他原子来满足其表面化学键的要求。因此从这种意义上说，富勒烯是今天已知有限大小的唯一稳定形式的纯碳。

B C_{60} 的溶解性

富勒烯在脂肪烃中的溶解性随溶剂分子的碳原子数增大而增大，但一般溶解性较小。C_{60} 不溶于水和强极性溶剂，在正己烷、苯、二硫化碳、四氯化碳等非极性溶剂中有一定的溶解性。在苯和甲苯中有良好的溶解性，而在二硫化碳（CS_2）中的溶解度很大。但是由于 CS_2 的毒性较大，因此一般不使用。目前用于溶解 C_{60} 最常用的溶剂为甲苯。

C C_{60} 的超导性

C_{60} 在室温下是分子晶体，能谱计算表明，面心立方的固态 C_{60} 是能隙为 1.5 eV 的半导体。在其四面体和八面体间隙位置可以掺加入碱金属原子，形成 M_xC_{60} 晶体，经过适当的金属掺杂后，表现出良好的导电性和超导性。如 K_3C_{60}、Cs_2RbC_{60}。1991 年美国贝尔实验室研究人员发现 C_{60} 和碱金属形成的化合物具有超导性，K_3C_{60} 超导临界温度为 18 K，Cs_2RbC_{60} 的为 33 K。

D 富勒烯的光学性质

研究发现，C_{60} 和 C_{70} 的甲苯溶液能够透射相对低光强的光，但是能阻止通过超过某一临界光强的光，而且处于激发态的 C_{60} 分子比处于基态的 C_{60} 具有更好的吸光性。在低光强下，C_{60} 和 C_{70} 的甲苯溶液遵守朗伯—比尔定律。透射比不随光强度增加而变化，但当光强超过 $100mJ/cm^2$ 时，透射比显著下降，并保持在 $65mJ/cm^2$。C_{60} 对光的这种非线性响应可用于制造光限制器保护光学传感器免受强光脉冲的损害，甚至还可能促进新一代光电子计算机的开发。

E 富勒烯的力学特性

采用基于 Tersoff 势的分子动力学方法，模拟温度分别为 300K、700K 和 1100K 下 C_{60}、$M@C_{60}$（$M=Si$、Ge）富勒烯分子的对径压缩过程。根据模拟结果，讨论了温度对三种富勒烯分子压缩力学性能的影响以及它们压缩性能的差异。结果表明：在 300～1100K 范围内，温度对 C_{60}、$M@C_{60}$（$M=Si$、Ge）分子压缩力学性能无显著影响；当压缩应变至 8%～16%，各富勒烯分子在加载点处开始塌陷；当压缩应变至 28%～32%，各富勒烯达到承载极限；C_{60}、$Si@C_{60}$ 和 $Ge@C_{60}$ 分子依次具有由低到高的承载能力。如图 4-13 所示是不同温度下压缩 C_{60}、$Si@C_{60}$ 和 $Ge@C_{60}$ 富勒烯分子的应力-应变曲线。

F C_{60} 膜的摩擦特性

富勒烯分子具较好的摩擦特性，在高载荷下具有较低的摩擦系数、较高的热稳定性和化学稳定性，分子形状的高度对称性以及高的本体弹性模量等。但是物理吸附于固体表面的富勒烯分子膜的力学稳定性差，影响了其在固体润滑中的应用。

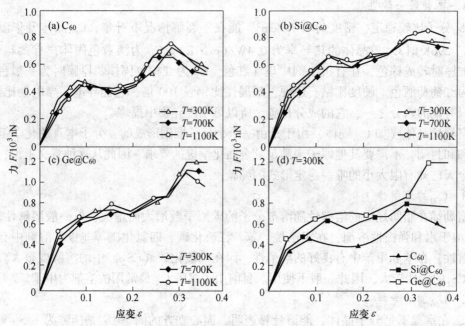

图 4-13　不同温度下压缩 C_{60}、Si@ C_{60} 和 Ge@ C_{60} 富勒烯分子的应力-应变曲线

4.4.3.2　化学性质

因 C_{60} 的丰度最大，因此富勒烯的化学研究主要集中在 C_{60} 的化学反应上。C_{60} 应具有芳香性，能够进行一般稠环芳香烃所进行的反应，如能够发生烷基化反应、进行伯奇还原反应生成氢化物。但是 C_{60} 易于与亲核试剂如 NH_3 及金属反应，表现出缺电子化合物的反应特性。C_{60} 的中空球形结构使得它能在内外表面都进行化学反应，从而得到各种功能化的 C_{60} 衍生物。包括和金属反应生成内包含化合物、卤化、自由基反应等。

A　C_{60} 和金属的反应

大多数金属均能以某种方式与富勒烯作用生成稳定化合物。C_{60} 分子与金属原子形成金属化合物，碱金属能与 C_{60} 生成金属内包合物，金属原子位于 C_{60} 的笼中，如 La@ C_{60}，符号@表示包裹关系，现在已制得裹有 K、Na、Cs、La、Ca、Ba、Sr、U、Y、Ce 等金属原子的富勒烯，内包含的金属可以是 1 个、2 个甚至 3 个相同或不同的原子或离子。金属也能位于 C_{60} 球外表，如 V、Fe、Co、Ni、Cu、Rh、La 等。

当碱金属原子和 C_{60} 结合时，电子从金属原子转到 C_{60} 分子上。碱金属能与 C_{60} 生成离子型化合物 M@ C_{60} 以及不同金属相互组成的复合型离子化合物 M_x@ C_{60}。这些化合物中有的具有超导性，是目前已知金属中超导温度较高的一类，如可形成具有超导性能的 M_x@ C60，其中 M 为 K、Cs；x 为掺进碱金属原子的数目。例如 $K_3 C_{60}$ 在 18K 以下是超导体，在 18K 以上是导体，掺进原子数可达 6 个，$K_6 C_{60}$ 是绝缘体。

C_{60} 可以和金属结合，也可以和非金属负离子结合。内部含有氦原子和氖原子的 He@ C_{60} 和

Ne@ C_{60}富勒烯也已被发现。每 106 个 C_{60} 分子中约有一个 C_{60} 包裹有一个氦原子，惰性气体氦一般不同任何元素发生化学反应，He@ C_{60} 的发现是极为罕见的化学反应现象。在富勒烯球形结构外添加其他化学基团，即 C_{60} 和这些化学基团结合形成化合物，如（CH_3）$_n$ C_{60} 等。

B　C_{60} 和自由基的反应

C_{60} 有很强的和自由基反应的能力，可和 1~15 个的苯基、1~34 个的甲基反应生成自由基和非自由基的加合物，享有"自由基海绵"的美称。

C　C_{60} 的氧化还原反应

在光照的条件下将 C_{60} 和 C_{70} 与 O_2 反应生成环氧化合物 $C_{60}O$ 和 $C_{70}O$。但这种环氧化合物不稳定，当用矾土分离时，能可逆的转变为 C_{60} 和 C_{70}。C_{60} 的电化学氧化较困难且是不可逆的。

D　加成反应

在亲核加成中富勒烯作为一个亲电试剂与亲核试剂反应，它形成碳负离子被格利雅试剂或有机锂试剂等亲核试剂捕获。例如，氯化甲基镁与 C_{60} 在定量形成甲基位于的环戊二烯中间的五加成产物后，质子化形成（CH_3）$_5HC_{60}$。宾格反应也是重要的富勒烯环加成反应，形成亚甲基富勒烯。富勒烯在氯苯和三氯化铝的作用下可以发生富氏烷基化反应，该氢化芳化作用的产物是 1，2 加成的（Ar—CC—H）。

4.5　富勒烯的种类

以全碳分子为代表的富勒烯大家族种类较多，可以形成球形、管状和洋葱状等多种形式存在，如图 4-14 所示。

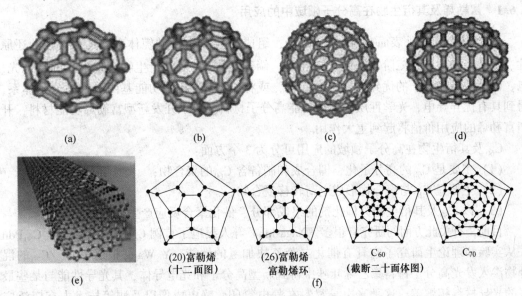

(a)　　　　　(b)　　　　　(c)　　　　　(d)

(20)富勒烯　　(26)富勒烯　　　C_{60}　　　　C_{70}
（十二面图）　　富勒烯环　（截断二十面体图）
(e)　　　　　　　　　　(f)

图 4-14　富勒烯的各种存在形式

(a) C_{36}；(b) C_{60}；(c) C_{180}；(d) C_{70}；(e) 纳米管；(f) 富勒烯环

（1）巴基球团簇。最小的是 C_{20}（二十烷的不饱和衍生物）和最常见的 C_{60}。

（2）碳纳米管。非常小的中空管，有单臂和多臂之分，在电子工业有潜在的应用。

（3）巨碳管。比纳米管大，管壁可制备成不同厚度，在运送大小不同的分子方面有潜在价值。

（4）聚合物。在高温高压下形成的链状、二维或三维聚合物。

（5）纳米"洋葱"。多壁碳层包裹在巴基球外部形成球状颗粒，可能用于润滑剂。

（6）球棒相连二聚体。两个巴基球被碳链相连。

（7）富勒烯环。富勒烯通过环加成反应合成出的富勒烯环化合物。

（8）富勒体。是富勒烯及其衍生物的固态形态的称呼。

（9）巴克球。DFT 计算得到 C_{60} 的电子基态在整个球上是等值的。

（10）内嵌富勒烯。是将一些原子嵌入富勒烯碳笼而形成的一类新型内嵌富勒烯。

4.6　富勒烯的应用

以 C_{60} 为代表的富勒烯家族以其独特的形状和良好的性质开辟了物理学、化学和材料科学中一个崭新的研究方向。与有机化学中极常见的苯类似，以 C_{60} 为代表的富勒烯形成了一类丰富多彩的有机化合物的基础。在克拉茨奇默和霍夫曼等人首先制备出宏观数量的 C_{60} 以后，科学家从实验上制备出大量的富勒烯衍生物并对其性质进行了广泛研究。富勒烯新材料的许多不寻常特性几乎都可以在现代科技和工业部门找到实际应用价值，这正是人们对富勒烯或巴基球如此感兴趣的原因。富勒烯材料的应用是多方面的，包括润滑剂、催化剂、研磨剂、高强度碳纤维、半导体、非线性光学器件、超导材料、光导体、高能电池、燃料、传感器、分子器件以及用于医学成像及治疗等方面。

4.6.1　富勒烯及其衍生物在高分子领域中的应用

C_{60} 球体分子内外表面有 60 个 π 电子，组成三维 π 电子共轭体系，具有很强的还原性、电子亲和力以及三阶非线性光学性质。倘若能将 C_{60} 及其衍生物表现出来的特殊光、电、磁性质与高分子的优异性能结合起来，或将 C_{60} 作为新型功能基团引入高分子体系，得到具有优异导电，光学性质的新型功能高分子材料。对于开发新型富勒烯功能材料，开拓富勒烯的应用价值将起到重大作用。

C_{60} 及其衍生物在高分子领域的应用可分为 3 个方面：

（1）主要是 C_{60} 的高分子化，即合成和制备含 C_{60} 的聚合物；

（2）主要是 C_{60} 与聚合物形成电荷转移复合物；

（3）以 C_{60} 及其衍生物为催化剂的组成部分、催化聚合反应产生聚合物。

目前，有关此方面的研究有很多。Nagashima 等人报道了首例 C_{60} 的有机高分子 $C_{60}Pd_n$ 并从实验和理论上研究了它具有催化二苯乙炔加氢的性能，Y. Wang 报道了 C_{60}/C_{70} 的混合物渗入发光高分子材料聚乙烯咔唑中得到新型高分子和光电导体，其光导性能与某些最好的光导材料相媲美。这种光电导材料在静电复印，静电成像以及测等技术中有广泛应用。C_{60} 掺入聚甲基丙烯酸甲酯（PMMA）可成为很有前途的光学限幅材料。另外，C_{60} 掺杂的聚苯乙烯的光学双稳态行为也有报道。

4.6.2 C_{60}及其衍生物在生物医学领域的应用

近年来，对合成水溶性富勒烯衍生物方面的突破和成功，克服了富勒烯固有的疏水性，大大加速和扩展了富勒烯及其衍生物的生物方面的应用范围，使富勒烯及其衍生物在生物医药领域得到广泛应用，并取得了可喜的成果，其中对生物特性，如细胞毒性、促使DNA选择性断裂、抗病毒活性和药理学等的研究，是最有前景的应用领域之一。C_{60}具有能量较低空轨道T_{1u}，可以接纳6个电子，是一个优良的电子接受体；人体免疫缺陷病毒酶（HIV）的活性中心的孔道大小与C_{60}分子体积大小相匹配，有可能堵住孔道，切断病毒的营养供给，就可以杀死病毒。

C_{60}可用于治疗神经衰退方面的疾病。C_{60}通过光诱导产生单态氧的效率高达100%，被喻为"单态氧的发生器"。实验表明，C_{60}分子中$\sigma—\sigma$键是化学反应的活性部位，分子中含30个具有烯烃性质的$\sigma—\sigma$键，极易与自由基反应，因此可应用于护肤、美容等方面。C_{60}有30个双键，可以发生Diels-Alder反应、Bingel反应等，是药物设计的理想基体，可以根据需要接上多种基团，人们把C_{60}喻为药物设计中的"化学针插"（chemical pin cushion）等，在生物医学领域展示出重要的研究价值和巨大的应用前景。

4.6.3 富勒烯在化妆品中的应用

C_{60}富勒烯是一种很强的抗氧化物质，其抗氧化力是维生素C的125倍。此外，C_{60}富勒烯还具有清除自由基、活化皮肤细胞等作用。从1990年开始，对于C_{60}富勒烯在清除自由基功能方面的研究有很大的进展，很多科研成果都证实C_{60}富勒烯是一种很强的自由基清除分子，也可以说是一个很强的抗氧化剂。目前，人们已开发出可以使用在保养品中的C_{60}富勒烯，对于肌肤抗老化来说，这无疑是一个值得深入研究的新成分。

4.6.4 高能材料与太阳能电池领域

以C_{60}为基础，经过物理化学处理，可能研发出未来的高能材料。氮系富勒烯N_{60}可能在下一代火箭推进剂得到应用。P型共轭聚合物和N型富勒烯混合组成复合物，作为太阳能电池的薄膜材料，可提高光电转换效率。

4.6.5 激光领域

由于C_{60}分子中存在的三维高度非定域（电子共轭结构使得它具有良好的光学及线性光学性能）。如它的光学限制胜在实际应用中作为光学限幅器。C_{60}还具有较大的非线性光学系数和高稳定性等特点。使其作为新型非线性光学材料具有重要研究价值，有望在光计算、光记忆、光信号处理及控制等方面有所应用。还有人研究了C_{60}化合物的响应及荧光现象，基于C_{60}光电导性能的光电开关和光学玻璃已研制成功。

4.6.6 有机软铁磁体

与超导性一样，铁磁性是物质世界的另一种奇特性质。Allemand等人在C_{60}的甲苯溶液中加入过量的强供电子有机物（二甲氨基）乙烯（TDAE），得到了C_{60}（TDAE）$_{0.86}$的黑色微量沉淀，经磁性研究后表明是一种不含金属的软磁性材料。居里温度为 16.1K。高于迄今报道的其他有机分子铁磁体的居里温度。由于有机磁体在磁性记忆材料中有重要应用价值，因此研究和开发 C_{60} 有机铁磁体，特别是以廉价的炭材料制成磁铁替代价格昂贵的金属具有非常重要的意义。

4.6.7　超导体

C_{60} 分子本身是不导电的绝缘体，但当碱金属嵌入 C_{60} 分子之间的空隙后，C_{60} 分子与碱金属的系列化合物将转变为超导体。如 K_3C_{60} 即为超导体，具有很高的超导临界温度。与氧化物比较，C_{60} 系列超导体具有完美的三维超导性，电流密度大，稳定性高，易于展成线材等特点。在磁悬浮列车、超导超级对撞机、超导量子干涉器件等上是一类极具价值的新型超导材料。

4.6.8　其他应用

C_{60} 的衍生物 $C_{60}FCo$ 俗称"特氟隆"，可作为"分子滚球"和"分子润滑剂"，在高技术发展中起重要作用。将锂离子嵌入碳笼内有望制成高效能锂电池。碳笼内嵌入稀土元素可制成新型稀土发光材料，水溶性钇的 C_{60} 衍生物有望作为新型核磁造影剂；高压下 C_{60} 可转变为金刚石，生产出符合工业标准的低成本金刚石，开辟了金刚石的新来源。C_{60} 及其衍生物可能成为新型催化剂和新型纳米级的分子导体线、分子吸管和晶质增强复合材料。C_{60} 与环糊精、环芳烃形成的水溶性主溶体复合物在超分子化学、仿生学领域发挥重要作用。

 复习思考题

4-1 富勒烯是笼状碳原子簇的总称，可以形成哪些有限分子？

4-2 C_{60} 与金属的反应分为哪两种情况？

4-3 富勒烯有哪些结构特征？

4-4 富勒烯的制备方法主要有哪几种？

4-5 C_{60} 与金属的反应存在哪两种类型？

4-6 C_{60} 分子，形如足球。它的一个分子是由_____个_____原子构成的中空_____面体，相对分子质量是_____。

4-7 足球烯是由 60 个碳原子构成的一种新型分子，在它的分子结构中，存在正五边形和正六边形各有多少个？

5　碳　纳　米　管

5.1　概　述

继 C_{60} 在 1985 年被发现及 1990 年实现批量制备后，1991 年，日本 NEC 公司基础研究实验室的电子显微镜专家饭岛澄男（Iijima）在高分辨透射电子显微镜下检验石墨电弧设备中产生的球状碳分子时，意外发现了在电极上还有一些呈针状的产物，这些产物是由管状的同轴纳米管组成的碳分子，这就是目前被广泛关注的碳纳米管（Carbon Nanotubes，CNTs）。碳纳米管的发现开启了碳化学领域的又一个研究热潮。

5.2　碳纳米管的结构

5.2.1　从富勒烯到碳纳米管

在第 4 章中，学习了富勒烯的结构及性能。Iijima 曾在电子显微镜下观察奇特的同心球形结构后，用电子显微镜观察电弧设备在不同条件下由石墨形成的各种不同结构，在 13.3kPa 的氩气中，阳极被蒸发，在阴极上形成了一些针状物质。将这些针状产物在高分辨电子显微镜下观察，发现该针状物是直径为 4~30nm，长约 1μm，由 2 个到 50 个同心管构成，相邻同心管之间平均距离为 0.34nm。进一步实验研究表明，这些纳米量级的微小管状结构是由碳原子六边形网格按照一定方式排列而形成，或者可以将其想象成是由一个六边形碳原子形成的平面卷成的中空管体，而在这些管体的两端可能是由富勒烯形成帽子，这就是多壁纳米碳管。

1993 年，Iijima 等和 D. S. Bethune 等同时报道了采用电弧法，在石墨电极中添加一定的催化剂，可以得到仅仅具有一层管壁的纳米碳管，即单壁纳米碳管产物。

碳纳米管的发现说明富勒烯和碳纳米管有着千丝万缕的关系。可以想象，碳纳米管是由 C_{60} 或其他富勒烯分子拉长而形成，封口的碳纳米管两端都是半笼型结构，正好为富勒烯球形的一半。图 5-1 为 C_{60} 和单壁碳纳米管的分子结构模型。

图 5-1　C_{60} 和单壁碳纳米管的分子结构模型

5.2.2　碳纳米管的微观结构

碳纳米管是碳的另一种同素异形体，从石墨、金刚石到富勒烯，再到碳纳米管，晶型碳的结构日趋完美，在碳的同素异形体中，石墨是二维（2D）的面，金刚石是三维（3D）的体，C_{60} 是零维（0D）的点，而碳纳米管具有典型的一维（1D）结构，即一维纳米线结构。

单壁碳纳米管的结构特点决定了它具有更独特的性能。从某种意义上讲，单壁碳纳米管是真正意义上的碳纳米管。因为对于多壁碳纳米管来说，随着直径的增大和层数的增多，晶化程度很难保证。不同管壁数目的纳米碳管的高分辨透射电镜照片，如图 5-2 所示。

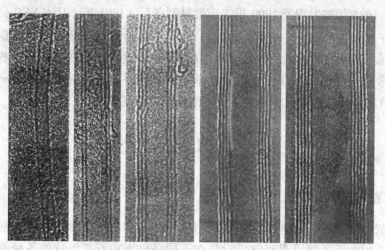

图 5-2　不同管壁数目的纳米碳管的高分辨透射电镜照片

（从左至右管壁数目分别为一至五）

碳纳米管具有典型的层状中空结构特征，Iijima 指出，层片之间存在一定的夹角，每三层或四层间其 c 轴存在 6° 左右的偏差。

研究表明，不同结构的碳纳米管其性能差距很大，特别是电学性能，结构不同的碳纳米管可能是导体也可能是半导体。Dresselhaus 对碳纳米管的结构进行表征和分析发现，碳纳米管的不同结构，如螺旋角的变化，会导致不同的电磁特性，对于一根碳纳米管，当其手性及手性矢量确定后，其结构也就唯一确定了。下面具体介绍。

假如将碳纳米管展开，即为一层石墨层片，如图 5-3 所示。

C_h 为碳纳米管的圆周矢量，也称为手性矢量。(n, m) 型碳纳米管 $C_h = na_1 + na_2$（图 5-3 中 $n = 5$），$OABC$ 是一个结构单元。

$$C_h = na_1 + na_2 \equiv (n, m) \tag{5-1}$$

式中　n, m——整数，$0 \leqslant |m| \leqslant n$；

　　　a_1, a_2——单位矢量，a_1 和 a_2 的夹角为 60°。

$d_t = L/\pi$，为碳纳米管的直径（nm），L 为碳纳米管的横切面周长（nm），可用下式求出：

$$L = |C_h| = \sqrt{C_h C_h} = a\sqrt{n^2 + m^2 + nm} \tag{5-2}$$

式中　a——晶格常数，nm。$a = a_1 a_1 = a_2 a_2$，$a_1 a_2 = a^2/2$。

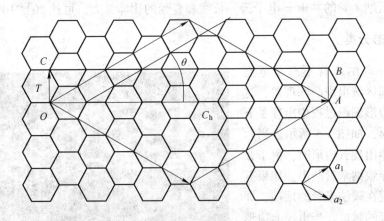

图 5-3 碳纳米管结构单元示意图

在石墨中，C—C 键长为 0.142nm，在碳纳米管中 C—C 键长为 0.144，因此可求出晶格常数 $a = 0.144nm \times \sqrt{3} = 0.249nm$。以扶手椅型的碳纳米管（5，5）为例，其端部位 C_{60} 半球，直径 d_t 为 0.688nm。

手性角定义为矢量 C_h 和 a_1 之间的夹角，取值范围为 $0° < |\theta| < 30°$。手性角 θ 代表石墨层片六边形相对管轴的螺旋角。θ 可以由 C_h 和 a_1 的内积求出：

$$\cos\theta = \frac{C_h a_1}{|C_h||a_1|} = \frac{2n + m}{2\sqrt{n^2 + m^2 + nm}} \tag{5-3}$$

这样便将手性角与整数 n，m 联系起来。锯齿型和扶手椅型碳纳米管分别对应 $\theta = 0°$ 和 $\theta = 30°$。

5.3 碳纳米管的分类

5.3.1 按层数分类

最简单的碳纳米管仅由一层石墨层片卷曲而成，称为单壁碳纳米管（SWNTs）。如果包含两层以上石墨烯片层的纳米碳管称为多壁纳米碳管（MWNTs），两根毗邻的碳纳米管不是直接粘在一起的，而是保持一定距离，Ruff 等用 Jarrel-Ash 扫描显微光度计精确测量了两根非常接近的碳纳米管间的距离。测量发现片层之间的距离为 0.34~0.36nm，直径一般为 2~25nm。多壁碳纳米管的结构模型，如图 5-4 所示。

理想的碳纳米管的结构为管状的碳分子，六边形管壁，五边形封端。管上每个碳原子的杂化方式介于 sp^2 和 sp^3 之间，但主要采取 sp^2

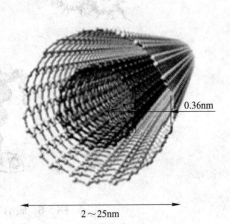

图 5-4 多壁碳纳米管的结构模型

杂化，整个碳纳米管的共轭 π 电子云。长度和直径的比非常大，可达 $10^3 \sim 10^6$。

5.3.2　按形态分类

实际上，碳纳米管不总是笔直的，而是局部区域出现凸凹现象，这是由于在六边形编织过程中出现了五边形和七边形，如图 5-5 所示。当六边形逐渐延伸出现五边形时，由于张力的关系而导致纳米管凸出。如果五边形正好出现在碳纳米管的顶端，即形成碳纳米管的封口。当出现七边形时，纳米管则凹进。除六边形外，五边形和七边形在碳纳米管中也扮演重要角色。这也就造成了碳纳米管多种多样的形态（见图 5-6）和缺陷。

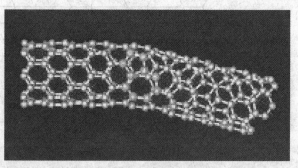

图 5-5　碳纳米管中的五边形和七边形

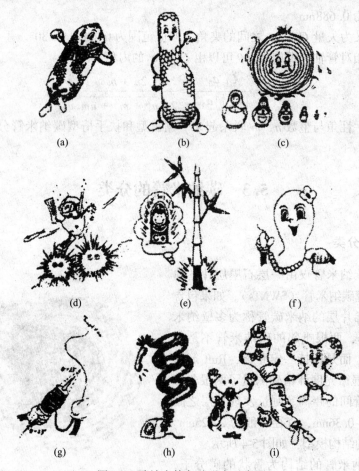

图 5-6　碳纳米管各种形态示意图

（a）普通封口型；（b）变径型；（c）洋葱型；（d）海胆型；（e）竹节型；
（f）念珠型；（g）纺锤型；（h）螺旋型；（i）其他异型

Ebbesen 研究了碳纳米管的缺陷结构，把碳纳米管中可能存在的缺陷结构分成拓扑缺陷、杂化缺陷、不完全键合缺陷三类。缺陷的存在对碳纳米管的性能有很大的影响。另外，碳纳米管也随着制备工艺的不同而呈现不同的形态和结构。比如，用石墨电弧制备的碳纳米管比较平直，层数较少，而由催化裂解法制备的碳纳米管多弯曲、缠绕、层数较多。随着新工艺的出现，各种新结构也不断被发现。并且在一定条件下，它们还会相互转化。

5.3.3 按取向分类

碳纳米管可分为非定向碳纳米管和定向碳纳米管，图 5-7 为碳纳米管的扫描电镜照片。由于碳纳米管的直径一般在几十纳米以下，而长度相对很长，因此这么大的长径比使得碳纳米管在生长过程中会自然发生弯曲并相互缠绕。如果通过后处理手段，比如对碳纳米管的整体施加外力，在一定程度上可以形成有序排列，但这样的后处理手段较为繁琐。为了克服上述的局限性，可在合成碳纳米管的过程中使其按照一定方向或模式有规律生长。一般采用在基底上生长碳纳米管的有序宏观体。

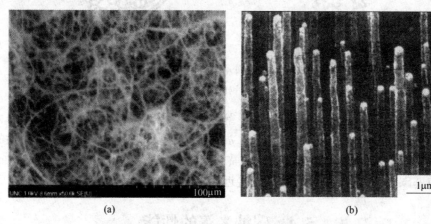

(a)   (b)

图 5-7 碳纳米管的扫描电镜照片
（a）非定向碳纳米管；（b）定向碳纳米管

5.3.4 按手性分类

根据构成单壁碳纳米管的石墨片的螺旋性，可以将其分为非手性型和手性型。非手性型是指单壁碳纳米管的镜像图像同它本身一致，又可分为扶手椅型和锯齿型。两者形象地反映了每种类型碳纳米管的横截面碳环的形状。手性型管则具有一定的螺旋性，它的镜像图像无法同自身重合。按手性划分的碳纳米管，如图 5-8 所示。之所以称为"手性"，是因为在化学命名中常将这种结构称为"轴向手性"。一种结构的手性常同它的光学性质密切相关，按照手性对碳纳米管进行定性分析为研究其光学特性提供了方便。

结合前述手性角的相关概念，扶手椅型碳纳米管 $n=m$，$\theta=30°$；锯齿型，n 或 $m=0$，$\theta=0°$；手性型 $0°<\theta<30°$。

5.3.5 按导电性分类

碳纳米管具有良好的导电性，其导电性取决于直径 d 和手性角 θ。按照导电性能可将

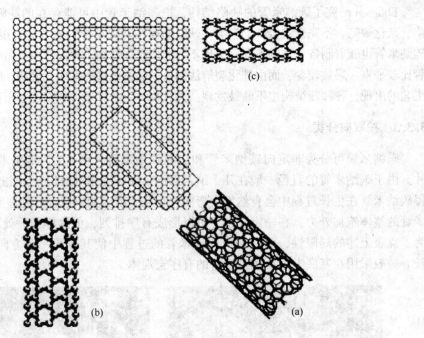

图 5-8　按手性分类的碳纳米管
(a) 手性型；(b) 锯齿型；(c) 扶手椅型

碳纳米管分为金属性管和半导体型管。当单壁碳纳米管（n，m）满足（$2n+m$）/3 为整数时，表现为金属性，否则为半导体型。（n，n）扶手椅型单壁碳纳米管总是金属性的，而（n，0）锯齿型单壁碳纳米管仅当 n 是 3 的整数倍时是金属性的。随着螺旋矢量（n，m）的不同，单壁碳纳米管的能隙宽度可以从接近零（金属）连续变化至半导体。

5.4　碳纳米管的性能

当粒子的尺寸达到纳米量级时，费米能级附近的电子能级由连续态分裂成分立能级。当能级间距大于热能、磁能、静电能、静磁能、光子能或超导态的凝聚能时，会出现纳米材料的量子效应，从而使其磁、光、声、热、电、超导电性能变化。碳纳米管的结构特点决定了它具有独特的物理化学性能，主要体现在力学性能、电磁性能、热学性能、光学性能等方面。

5.4.1　力学性能

碳纳米管的抗拉强度达到 50～200GPa，是钢的 100 倍，密度却只有钢的 1/6。碳纳米管具有很高的杨氏模量，单壁碳纳米管的样式模量理论估计高达 5TPa，实验测得的多壁碳纳米管的杨氏模量平均值为 1.8TPa，约为钢的 5 倍。其结构虽然与高分子材料的结构相似，但其结构却比高分子材料稳定得多。碳纳米管的硬度与金刚石相当，却拥有良好的柔韧性。碳纳米管被压扁，撤去压力后，碳纳米管像弹簧一样立即恢复了形状，表现出良好的韧性。力学性能各向异性，轴向和径向的力学性能差异大。

碳纳米管的长径比一般在 10^3 以上，是理想的高强度纤维材料。基于碳纳米管的优良力学性能，可以将其作为结构复合材料的增强体。

5.4.2 电磁性能

碳纳米管具有良好的导电性能，由于碳纳米管的结构与石墨的片层结构相同，所以具有很好的电学性能。理论预测其导电性能取决于其管径和管壁的螺旋角，表现出导体和半导体性能。

通常，完美碳纳米管比缺陷碳纳米管的电阻小一个数量级；径向电阻大于轴向电阻；碳纳米管束和单根纳米管都显示超导性，后者显示温度更低。

5.4.3 热学性能

碳纳米管具有良好的传热性能，它具有非常大的长径比，因而其沿着长度方向的热交换性能很高。

碳纳米管有着较高的热导率，只要在复合材料中掺杂微量的碳纳米管，该复合材料的热导率将会可能得到很大的改善。

5.4.4 光学性能

由于碳纳米管具有纳米尺度的尖端，在相对较低的电压下就能够发射出大量的电子，因此它呈现出良好的场发射性能，非常适合做各种场发射器的阴极，即使是碳纳米管的尖端。碳纳米管薄膜还对太阳光有较强的吸收作用。

除此之外，碳纳米管因具有较大的比表面积和中空结构，以及多壁碳纳米管之间的类石墨间隙，它还是非常有潜力的储氢材料，在后面碳纳米管的应用中，我们将详细介绍。

5.5 碳纳米管的制备技术

目前，碳纳米管的制备方法很多，主要包括：电弧法、激光蒸发法、化学气相沉积法、热解聚合物法、燃烧火焰法、电解法等。下面介绍几种主要的碳纳米管的制备方法。

5.5.1 电弧法

电弧法的主要工艺是在一个真空反应室内充有一定量和压力的缓冲气体（惰性气体或氢气），两根石墨电极棒垂直相对，并保持一定的间隙，电弧放电过程中阳极石墨被蒸发消耗，阴极石墨上沉积碳纳米管。制备单壁纳米碳管时要在电极中掺加金属催化剂（铁、钴、镍等）。催化剂及缓冲气体种类、分压的选择等是电弧法制备单壁纳米碳管的关键，将直接影响到产物的产量、质量及形貌特征。电弧法制备纳米碳管的装置示意图，如图5-9所示。

电弧法作为被广泛用于单壁纳米碳管制备的一种方法，其优点是设备比较简单，产量较大。缺点是产物中含有较多的催化剂、无定形碳等杂质，需要进一步的系统提纯；另外纳米碳管的生长是在远离平衡状态下进行的，这不利于对其生长条件的直接调控和生长机理的探索，而且比较难于控制电弧的放电过程，成本也比较高。

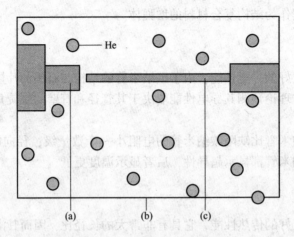

图 5-9　电弧法制备纳米碳管的装置示意图
（a）阴极；（b）反应室；（c）阳极

5.5.2　激光蒸发法

激光蒸发法采用强激光束照射石墨靶，在石墨靶局部产生高温，使碳原子蒸发并产生结构重排。具体方法是：在一条长条石英管中间放置一根金属催化剂/石墨混合的石墨靶，该管则置于一个加热炉内。当炉温升至一定温度时，将惰性气体充入管内，并将一束激光聚焦于石墨靶上。在激光照射下生成气态碳，这些气态碳和催化剂粒子被气流从高温区带向低温区，在催化剂的作用下生长成碳纳米管。激光蒸发法装置及制备示意图，如图 5-10 所示。

激光蒸发法是最早被用来制备 C_{60} 的一种方法，如今主要用来制备单壁碳纳米管。单壁碳纳米管的直径可以通过改变激光脉冲功率来控制，也可以通过催化剂的选择来控制。激光脉冲功率的增加会使单层碳纳米管的直径变小，这与更高脉冲功率将产生更小的片段有关。催化剂的选择在一定程度上可以影响单层碳纳米管的直径。

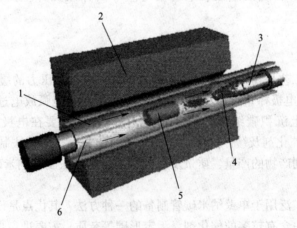

图 5-10　激光蒸发法装置及制备示意图
1—氩气；2—加热炉；3—冷却装置；4—碳纳米管；5—石墨靶；6—激光

激光蒸发法制备单壁纳米碳管的优点在于易于连续生产，缺点在于产物纯度高，易缠结，且设备复杂、昂贵，而且产量不大，故制备成本较高。与电弧法相比，两者产生高温的方式不同，得到的碳纳米管的形态相似，但激光蒸发法得到的产品质量更高，并无无定形碳出现。

5.5.3 化学气相沉积（CVD）法

化学气相沉积法又名催化分解碳氢化合物法，目前，大量制备多壁纳米碳管多采用催化分解碳氢化合物的方法，这种方法类似于气相生长炭纤维的过程，采用播撒纳米级催化剂颗粒作为制备多壁纳米碳管的"种子"，在高温下通入碳氢气体化合物，在催化剂的作用下使碳氢化合物气体分解，得到多壁纳米碳管。如果采用合适的方法控制纳米催化剂的分布还可以得到多壁纳米碳管阵列，这些纳米碳管可以排列成一定形状，从而为它们的应用打下良好的基础。化学气相沉积法原理示意图，如图 5-11 所示。

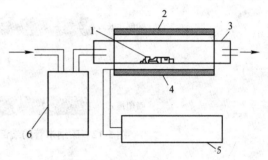

图 5-11　化学气相沉积法原理示意图
1—催化剂；2—管式炉；3—石英管；
4—热电偶；5—控温仪；6—气体混合

催化剂一般选用过渡金属元素铁、钴、镍或其组合，有时也添加稀土等其他元素及化合物，在相同条件下制备催化剂及合成碳纳米管，金属组成不同，所制备催化剂的活性也不同。碳源主要选择乙炔、甲烷、一氧化碳、乙烯、丙烯、丁烯、苯及正丁烷等。在合成碳纳米管时，不同的碳源气体活性有很大差别，而且所得的碳纳米管的结构和性质也不同。不饱和烃比饱和烃的活性更大。

催化分解碳氢化合物制备多壁纳米碳管的所用设备相对简单，目前其制备技术日趋成熟，已经能够实现样品的较大量制备，而且已经开始出现了小规模工业制备的装置。碳氢化合物催化分解法制备单壁纳米碳管的反应温度仅在 500~1100℃，远比电弧法及激光蒸发法（3000℃以上）低，而且该方法的能量利用率高、设备简单，故制备成本较低；该方法还具有产物纯度高、工艺参数易于控制等优点。但是也存在碳纳米管易缠绕、反应气体不能重复使用等问题需要解决以及产品容易有缺陷等问题。

5.5.4 碳纳米管的生长机制

自从碳纳米管被发现以来，理论上对于碳纳米管的形成提出了各种生长模型，如：五元环-七元环缺陷沉积生长、层-层相互作用生长（lip-lip interaction）、层流生长（step flow）、端部生长（tip growth）、底部生长（base growth）、喷塑生长（extrusion mode）等。下面介绍几种常见的生长机制。

5.5.4.1 端部生长和喷塑生长

端部生长模式假定催化剂颗粒在碳纳米管的生长过程中起到促进成核的作用。一旦碳纳米管初步形成并将催化剂包覆起来以后，生长点即转为管的开口端，碳源不断沉积到开口的悬键上导致碳纳米管持续生长。温度降低时开口端封闭停止生长。

喷塑生长模式认为金属催化剂才是碳纳米管的持续生长点，碳原子不断沉积到催化剂颗粒上形成金属-碳合金，当碳原子达到饱和时由颗粒的一端析出形成碳纳米管。这两种机理的主要区别在于生长过程中先形成的一端距离催化剂的相对位置远近。

碳纳米管的端部生长和喷塑生长模式，如图 5-12 所示。

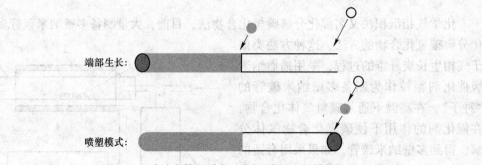

图 5-12　碳纳米管的端部生长和喷塑生长模式

5.5.4.2　顶部生长和底部生长

顶部生长模式是指位于碳纳米管顶端的金属催化剂颗粒随着碳纳米管的生长而移动，被携带移动的催化剂颗粒用来提供碳纳米管生长所必需的碳源。

底部生长模式是指金属催化剂颗粒附着在衬底上，碳纳米管的顶端封闭，且不含催化剂。碳源从碳纳米管与催化剂材料的接界处提供。

严格来说，这两种模式不涉及本质的机理不同，它们都属于喷塑生长。区别只是催化剂在生长过程中是停留在衬底上还是被顶在碳纳米管的尖端上。这种区别仅仅由催化剂与衬底的附着力强弱而定。

碳纳米管的底部生长和顶部生长模式，如图 5-13 所示。

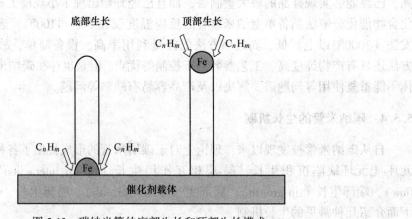

图 5-13　碳纳米管的底部生长和顶部生长模式

5.5.5　碳纳米管的纯化方法

利用电弧法、催化裂解法等方法合成的碳纳米管中含有较多杂质，如碳纳米颗粒、无定形碳、碳纳米球及催化剂粒子等，为了其性能和应用研究的需要，碳纳米管的提纯十分必要。根据碳纳米管与杂质的特性差异对碳纳米管进行纯化，目前常见的纯化方法有物理纯化法、化学纯化法和综合纯化法，如图 5-14 所示。

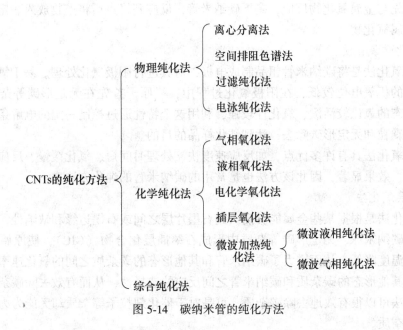

图 5-14　碳纳米管的纯化方法

5.5.5.1　物理纯化法

物理提纯是根据碳纳米管与杂质的粒径、形状、电性等物理性质的差异，借助于超声分散、离心分离、微孔过滤、空间排阻色谱法、电泳法等物理方法将碳纳米管和杂质相互分离而达到提纯目的。例如，通过超声分散使黏附在碳纳米管壁上的无定形碳、碳纳米颗粒脱落下来，使覆盖在催化剂颗粒上的石墨层剥离。然后离心分离，由于碳纳米管比无定形碳、石墨粒子、碳纳米颗粒等杂质的粒度大，所以离心分离时，碳纳米管先沉积下来，而粒度较小的碳纳米颗粒、石墨粒子等却悬浮在溶液之中，将悬浮液在加压或者超声振荡的协助下通过微孔过滤膜，就可以将粒度小于微孔过滤膜孔径的杂质粒子除去。

5.5.5.2　化学纯化法

碳纳米管的 C═C 键非常稳定，难与强酸强碱发生反应，因此对碳纳米管进行强氧化处理便可以去除无定形碳、金属催化剂等颗粒，达到纯化的目的。

A　气相氧化法

气相氧化法是采用氧化性气体作为氧化剂高温煅烧的方法。通过精准控制反应温度、时间及气体流速等参数达到提纯目的。根据氧化气氛的不同，还可将气相氧化法分为氧气（空气）氧化法和二氧化碳氧化法。

B　液相氧化法

液相氧化法所采用的氧化剂通常为液态氧化性酸、高锰酸钾、重铬酸钾、过氧化氢等。其方法是将碳纳米管粗品分散于具有较强氧化性的浓酸或其他化学溶液中回流。

C　固相氧化法

固相氧化法是采用固体氧化剂去除碳纳米管中杂质的方法。其原理是某些金属氧化物和碳发生氧化反应，将粗品碳纳米管和金属氧化物混合在一起在氮气的氛围中高温煅烧，碳杂质会优先与金属氧化物反应，剩下碳纳米管，反应到终点后将产物放入一定浓度的酸液中除去金属氧化物。

D　电化学氧化法

电化学氧化法是将碳纳米管粗品制成电极，对其进行阳极氧化处理。易于氧化的无定形碳等杂质的析氧电位较低，在阳极氧化过程中，氧原子首先在无定形碳等杂质表面析出，且新生态的氧比较活泼、氧化性较强，利用这个特性通过控制一定的电解条件，便可以将碳纳米颗粒和无定形碳除去，达到纯化样品的目的。

电化学氧化法具有许多优点，如反应速度快、处理时间短、氧化缓慢、反应均匀、易于控制处理、效果显著，因此该方法也是常用的碳纳米管的纯化方法之一。

E　插层氧化法

插层氧化法是根据某些金属能够插入到石墨片层之间或石墨边缘和缺陷处，即插入碳纳米颗粒、碳纳米球、无定形碳等杂质中形成石墨插层化合物（GIC），使原始石墨在空气中氧化的温度降低，从而增大了碳纳米管和其他形态的碳杂质之间的氧化速率差异，提高氧化剂与其他形态的碳杂质和碳纳米管之间反应的选择性，从而有效去除碳杂质。

这种方法可以很有效地去除碳杂质，可是对于催化剂粒子等杂质却无能为力，此外还引入了新的杂质。

5.5.5.3　综合纯化法

为取得纯化度高、产量高的碳纳米管，结合化学法和物理法的综合纯化法迅速发展起来。常见的综合纯化法有 HIDE 辅助多部纯化法、微孔过滤-氧化纯化法、超声波-氧化纯化法、微波辅助酸化纯化法等等。

5.6　碳纳米管的表面修饰

碳纳米管具有优异的性能，但它还存在几个必须解决的问题。（1）由于碳纳米管之间存在很强的范德华力，极易产生缠绕团聚，且在溶剂中不溶解，在大部分聚合物中也不容易分散；（2）碳纳米管是由单一的碳原子通过 sp^3 和 sp^2 杂化组成，化学活性低，在制备复合材料时很难与基体形成有效结合；（3）碳纳米管很难与基体形成有效的界面结合和实现有效的承载转换，所以用碳纳米管提高复合材料的性能特别是力学性能还远未达到理想效果。因此，碳纳米管的实际应用范围受到一定限制，其性能也不能充分展示出来。对碳纳米管进行化学改性的工作受到人们广泛的关注。目前为止，已经有许多研究者进行了化学法修饰碳纳米管表面的研究。方法包括直接氟化反应、酸化反应、卡宾加成、自由基反应、电化学反应或热化学反应、1,3-偶极矩环加成反应、叠氮反应、电加成反应和力化学反应等。

常见碳管的修饰方式与方法有两大类：共价功能化和非共价功能化。前者又分为端口功能化和侧壁功能化；后者分为表面活化剂功能化、聚合物功能化和内腔功能化。共价修饰是在碳纳米管表面上共价地连接一些适宜的基团,使其表面和聚合物之间产生化学键连接,以改变其溶解度、提高分散度。非共价修饰不损伤碳纳米管的 π 体系,并有望将碳纳米管组装成有序网络结构。

5.7 碳纳米管的结构表征

除了常见的表征手段,如透射电子显微镜(TEM)、扫描电子显微镜(SEM)外,检测碳纳米管微观结构所需的常用工具还有扫描隧道显微镜(STM)、X 射线衍射(XRD)、吸附仪、拉曼光谱等等。

5.7.1 扫描隧道显微镜(STM)

扫描隧道显微镜(scanning tunneling microscope,STM),是一种利用量子理论中的隧道效应探测物质表面结构的仪器。它作为一种扫描探针显微术工具,扫描隧道显微镜可以让科学家观察和定位单个原子,它具有比它的同类原子力显微镜更加高的分辨率。

利用 STM 对碳纳米管表面原子排列结构进行了观察研究,能够得到碳纳米管表面手性特征以及碳原子六角环排列图像,甚至能观察到碳原子层的弯折。

5.7.2 X 射线衍射(XRD)

X 射线衍射(X-ray diffraction,XRD),通过对材料进行 X 射线衍射,分析其衍射图谱,获得材料的成分、材料内部原子或分子的结构或形态等信息的研究手段。XRD 是分析晶体结构的有效工具,可以探测满足布拉格条件的晶面间距。

碳纳米管的衍射结果显示其符合六方晶系的衍射特征,因此可以按照六方晶系进行指数标定,如 a、c、c/a。比较碳纳米管和石墨粉末的衍射结果,其 2θ 值相差很少,碳纳米管(002 峰值对应 25.94°),而石墨的(002)峰值对应 26.3°。这可能是由于碳纳米管内部含有部分非晶碳或少量石墨相造成的对碳纳米管衍射特征的影响。

5.7.3 拉曼光谱

对碳纳米管光学特征研究的一个重要手段就是拉曼光谱。碳纳米管的拉曼光谱和高定向热解石墨的拉曼光谱非常相似。碳纳米管的主峰在 $1580cm^{-1}$ 左右(G 峰)、在 $1320cm^{-1}$ 左右有一个弱峰,对应热解石墨的 D 峰。理论计算还表明,单壁碳纳米管的拉曼光谱强度与其手性、光的偏振方向有关。变换几何配置测量其拉曼光谱就能获取有关碳纳米管的大量结构信息。

5.8 碳纳米管的应用

因碳纳米管与传统炭材料相比具有一些独特的,如特殊的导电性能、力学性能及物理化学性质,被广泛应用在诸多科学领域。

5.8.1　储氢应用

储氢材料（hydrogen storage material）是一类能可逆地吸收和释放氢气的材料。最早发现的是金属钯，1体积钯能溶解几百体积的氢气，但钯很贵，缺少实用价值。人类社会发展进步到今天，由于资源的大量开发、使用，使人类面临着全地球的能源危机和环境污染问题。人们把注意力集中到太阳能、原子能、风能、地热能等新能源上。但是要使这些自然存在形态的能量转变为人们直接能使用的电能，必须要把它们转化为二次能源。氢能就是一种最佳的二次能源。

氢是地球上一种取之不尽的元素。用电解水法取氢就是氢元素的广阔源泉。氢的发热值高，燃烧时的发热量在所有化学燃料发热值中首屈一指，而且氢又是一个对环境无污染的元素。在常温、常压下，氢是以气态存在，如何把氢储存、运输和利用？工业用的氢气储于钢瓶里，使用不便，并有一定的危险，无法作为能源而大量、广泛地使用。氢气的液化温度很低，达到了-253℃如果以液态氢气的形式来储存实际困难太大，也行不通。

单壁碳纳米管如同一个纳米试管和容器，它的中空结构可以容纳其他元素的原子或分子。1997年，AC Dillon等报道了单壁纳米碳管的中空管可储存和稳定氢分子，引起广泛关注，相关的实验研究和理论计算工作也相继展开，初步结果表明：纳米碳管是一种很有发展前途的储氢材料。单壁纳米碳管的吸氢过程研究发现，氢以很大密度填充到单壁纳米碳管的管体内部以及单壁纳米碳管束之间的孔隙，因此单壁纳米碳管具有极佳的储氢能力，据推测单壁纳米碳管的储氢量可达10%（重量比）。碳纳米管储氢示意图，如图5-15所示。单壁碳纳米管不需要高压就能贮存高密度的氢气，这有可能解决氢燃料汽车所要求的能够工作在室温下的低气压、高容量贮氢的技术难题。

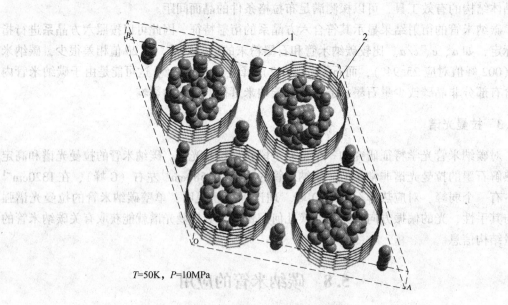

$T=50K$，$P=10MPa$

图 5-15　碳纳米管储氢示意图
1—氢气；2—碳纳米管

该项技术可以应用在燃料电池的制造中，起到持续稳定的氢源的作用。燃料电池是一种不经过燃烧而以电学反应连续把燃料中的化学能直接转换为电能的发电装置。其中，质子交换膜燃料电池（PEMFC）以纯氢为燃料，具有工作温度低、输出功率大、体积小、重量轻、"零排放"的优点，特别适合交通运输工具使用。

5.8.2 制备纳米材料的模板

一维纳米中空孔道赋予了纳米碳管独特的吸附、储气和浸润特性。根据理论计算，中空的纳米碳管具有毛细作用，纳米碳管为模板制备其他纳米线的研究工作。以纳米碳管为基础，利用它的中空结构和毛细作用可制备其他纳米结构。对纳米碳管进行 B、N 等元素掺杂已获得了一系列新型纳米管。以纳米碳管为母体，通过气相反应方法可以制备出 SiC、GeO_2、GaN 等多种纳米棒以及各种金属的纳米线。用多壁纳米碳管制备的纳米 GaN 纳米线，如图 5-16 所示。这些新的一维纳米材料的出现，必将对纳米材料的研究和发展产生积极的影响。

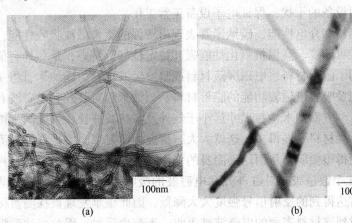

图 5-16　多壁纳米碳管制备的纳米 GaN 纳米线
（a）原始样品 MWNTs；（b）制备的 GaN 纳米线

5.8.3 催化剂载体

纳米材料比表面积大，具有特殊的电子效应和表面效应。如气体通过纳米碳管的扩散速度为常规催化剂颗粒的上千倍，担载上催化剂后可极大地提高催化剂的活性和选择性，使其在加氢、脱氢、电催化、甲醇羰基化、合成氨、甲醇制氢、择型催化等领域中具有很大的应用潜力。

例如，工业生产乙烯产物中含有微量乙炔，乙炔是后续反应如聚合反应的毒物，可以通过选择适当的催化剂使炔烃部分加氢为烯烃而不损失原有乙烯。选用碳纳米管载体，将 NiB 负载后制备成非晶态合金催化剂，进行乙炔选择性加氢反应，发现碳纳米管明显提高了乙炔加氢活性。

5.8.4 复合材料

碳纳米管还有非凡的力学性质。理论计算表明，碳纳米管应具有极高的强度和极大的韧性。由于碳纳米管中碳原子间距短、单层碳纳米管的管径小，使得结构中的缺陷不易存在，因此单层碳纳米管的杨氏模量据估计可高达 5TPa，其强度约为钢的 100 倍，而密度却只有钢的 1/6。因此，碳纳米管被认为是强化相的终极形式，人们估计碳纳米管在复合材料中的应用前景将十分广阔。

碳纳米管增强的聚酰亚胺纳米复合材料被认为在许多领域尤其是航空领域具有很大的潜在应用。用碳纳米管复合材料代替目前飞行器的结构可以大大降低下一代航天飞行器的重量。

将碳纳米管均匀地扩散到塑料中，可获得强度更高并具有导电性能的塑料。可用于静电喷涂和静电消除材料，目前高档汽车的塑料零件由于采用了这种材料，可用普通塑料取代原用的工程塑料，简化制造工艺，降低了成本，并获得形状更复杂、强度更高、表面更美观的塑料零部件，是静电喷涂塑料（聚酯）的发展方向。同时由于碳纳米管复合材料具有良好的导电性能，不会像绝缘塑料产生静电堆积，因此是用于静电消除、晶片加工、磁盘制造及洁净空间等领域的理想材料。碳纳米管还有静电屏蔽功能，由于电子设备外壳可消除外部静电对设备的干扰，保证电子设备正常工作。

由于特殊的结构和介电性能，碳纳米管表现出较强的宽带微波吸收性能，它同时还具有重量轻、导电性可调变、高温抗氧化性能强和稳定性好等特点，是一种有前途的理想的微波吸收剂，可用于隐形材料、电磁屏蔽材料或暗室吸波材料。碳纳米管将用于制造具有电磁干扰屏蔽功能及吸收电磁波功能的隐形材料。碳纳米管对红外和电磁波有隐身作用的主要原因有两点：一方面纳米微粒尺寸远小于红外及雷达波波长，因此纳米微粒材料对这种波的透过率比常规材料要强得多，这就大大减少波的反射率，使得红外探测器和雷达接收到的反射信号变得很微弱，从而达到隐身的作用；另一方面，纳米微粒材料的比表面积比常规粗粉大 3~4 个数量级，对红外光和电磁波的吸收率也比常规材料大得多，这就使得红外探测器及雷达得到的反射信号强度大大降低，因此很难发现被探测目标，起到了隐身作用。由于发射到该材料表面的电磁波被吸收，不产生反射，因此而达到隐形效果。

5.8.5　纳米器件

碳纳米管是一维量子导线。利用催化热解法成功地制备了纳米碳管-硅纳米线，测试表明，这种金属-半导体异质结具有二极管的整流作用。当一个金属性单层纳米碳管与一个半导体性单层纳米碳管同轴套而形成一个双层纳米碳管时，两个单层管仍分别保持原来的金属性和半导体性，利用这一特性可制造具有同轴结构的金属-半导体器件。

碳纳米管还可以作为纳米电路中的电子器件。2001 年 8 月，IBM 公司宣布他们用碳纳米管成功制成了世界上最小的逻辑电路，这为碳纳米管最终替代硅制作微芯片奠定了基础。

5.8.6　扫描隧道显微镜和原子力显微镜针尖

作为一维纳米线和超级纤维材料，碳纳米管可以用作扫描隧道显微镜和原子力显微镜的针尖。这种针尖与传统针尖相比，具有许多优点：

（1）高的针尖纵横比。针尖纵横比高达 $10 \sim 10^3$，更准确地获得样品表面上较深的狭窄缝隙内和台阶边缘的形貌。

（2）高的机械柔软性。即使撞击到样品的表面不会使针尖损坏。它具有较好的弹性弯曲变形，可以扫描脆弱样品（生物、有机样品），且分辨率很高。

（3）确定的电子特性。碳纳米管的电子特性已经确定，且不易吸附其他外来原子，获得的图像能够更加反映样品表面的电子特性，也更加容易准确地理解样品的电子状态。

图 5-17 为碳纳米管场发射针尖的扫描电镜和透射电镜照片。

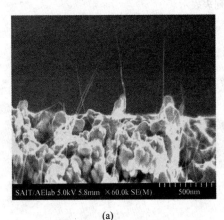
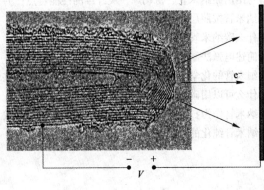

(a)　　　　　　　　　　　　　　　　(b)

图 5-17　碳纳米管场发射针尖

（a）扫描电镜照片；（b）透射电镜照片

碳纳米管针尖的制备方法有多种，目前常用的方法包括三个步骤：利用异丙基乙醇和电泳技术纯化及校直碳纳米管；将已校直的碳纳米管移到并吸附在一个常规的 AFM 针尖的末端；利用沉积的碳原子将纳米管固定在针尖上。这样可以将碳纳米管牢牢固定住。

5.8.7　场发射显示器

纳米碳管的电学性能和所处气氛有关，在不同气体气氛下，其电阻会发生改变，根据这一现象有可能把纳米碳管用作体积很小而灵敏度极高的化学传感器。纳米碳管具有优异的场发射性能（端口极其细小且非常稳定），而且在空气中稳定同时具有较低工作电压和大的发射电流等优点，直径细小的纳米碳管可以用来制作极细的电子枪，在室温及低于 80V 的偏置电压下，即可获得 $0.1 \sim 1\mu A$ 的发射电流。图 5-18 为韩国三星公司采用纳米碳管做的平板显示器实物照片。

5.8.8　碳纳米管的其他应用

图 5-18　韩国三星公司采用纳米碳管做的平板显示器实物照片

研究发现，碳纳米管在构筑可见光源、纳米反应器、纳米散热器、纳米天平、燃料电池、气体传感器、锂离子电池、超级电容器、信息储存等领域具有应用前景。

复习思考题

5-1　请画出碳纳米管、石墨烯、富勒烯、炭纤维、石墨层间化合物的结构示意图。

5-2　请总结出碳纳米管、富勒烯、炭纤维的性能特点，并列表表示。

5-3　碳纳米管按照层数、手性、导电性是如何分类的？

5-4　为什么碳纳米管需要进行表面修饰？

5-5　请简述电弧法制备碳纳米管的技术。

5-6　碳纳米管的化学气相沉积法制备中的生长机理有哪些？

5-7　为什么可以用碳纳米管实现储氢的应用？

5-8　碳纳米管作为扫描隧道显微镜和原子力显微镜的针尖，具有什么特点？

5-9　碳纳米管纯化的目的是什么，有哪些提纯方法？

6 石 墨 烯

6.1 概 述

铅笔芯的原材料是石墨，而石墨是一类层状的材料，即由一层又一层的二维平面碳原子网络有序堆叠而形成的。由于碳层之间的作用力比较弱，因此石墨层间很容易互相剥离开来，从而形成很薄的石墨片层，这也正是铅笔可以在纸上留下痕迹的原因。如果将石墨逐层地剥离，直到最后只形成一个单层，即厚度只有一个碳原子的单层石墨，这就是石墨烯。

石墨烯是碳单质的同素异形体之一，石墨烯（Graphene）的命名来自英文的 graphite（石墨）+ene（烯类结尾）。石墨烯是由一个碳原子与周围 3 个近碳原子结合形成蜂窝状结构的碳原子单层。之前它一直被认为是假设性的结构，无法单独稳定存在。然而 2004年，英国曼彻斯特大学物理学家安德烈·海姆和康斯坦丁·诺沃肖洛夫，成功地在实验中从石墨中分离出石墨烯，而证实它可以单独存在，两人也因"在二维石墨烯材料的开创性实验"，共同获得 2010 年诺贝尔物理学奖。

石墨烯及其衍生物非常多，目前常见的石墨烯产品有：（1）氧化石墨烯（Graphene Oxide，GO）在石墨烯的表面和边界连接有含氧官能团的二维材料；（2）还原氧化石墨烯（Reduced Graphene Oxide，RGO）通过化学法或物理法不完全去除氧化石墨烯含氧官能团（基团）后得到的二维碳材料；（3）功能化石墨烯（Functionalized Graphene）通过化学法或物理法在石墨烯中引入原子或官能团后形成的二维碳材料；（4）石墨烯材料（Graphene Materials）由少于 10 层的石墨烯为结构单元构成的碳材料，包含但不限于单层石墨烯、双层石墨烯、少层石墨烯、氧化石墨烯、氢化石墨烯、氟化石墨烯、功能化石墨烯、石墨烯量子点、石墨烯纳米带、石墨烯微片、石墨烯薄膜、三维石墨烯网络。

6.2 石墨烯材料的分类

石墨烯有许多不同的分类方法。

按照片层数可分为单层石墨烯、双层石墨烯、少层石墨烯（3~9 层）等。单层石墨烯及石墨的对比，如图 6-1 所示。

按照制备方法可分为微机械剥离石墨烯、氧化还原石墨烯、外延生长石墨烯、CVD石墨烯等。

按照应用领域可分为：石墨烯薄膜（单晶薄膜和多晶薄膜）、石墨烯微片（功能化和纯粹）等。

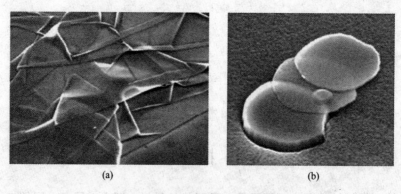

图 6-1　石墨烯及石墨的电镜照片
（a）单层石墨烯；（b）较厚的石墨

6.3　石墨烯的结构与性质

6.3.1　石墨烯的结构

　　理想的石墨烯是二维的，它只包括六边形（等角六边形），没有任何缺陷，厚度为 0.35nm 左右，是目前为止最薄的二维纳米炭材料；如果有五边形和七边形存在，则会构成石墨烯的缺陷。石墨烯是构成下列碳同素异形体的基本单元：石墨，木炭，碳纳米管和富勒烯。卷曲得到一维的碳纳米管如图 6-2（b）所示，堆叠得到三维的石墨如图 6-2（c）所示，12 个五角形石墨烯会共同形成富勒烯，如图 6-2（a）所示。

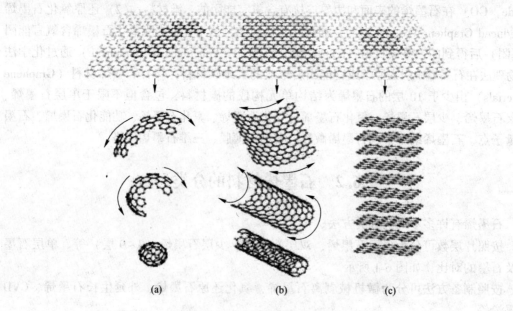

图 6-2　石墨烯及其他碳的同素异形体
（a）富勒烯；（b）碳纳米管；（c）石墨

6.3.2　石墨烯的性质

石墨烯是一种 sp^2 杂化结构的物质，具有一些奇特的物理性质。

石墨烯结构非常稳定，迄今为止，研究者仍未发现石墨烯中有碳原子缺失的情况。石墨烯中各碳原子之间的连接非常柔韧，当施加外部机械力时，碳原子面就弯曲变形，从而使碳原子不必重新排列来适应外力，也就保持了结构稳定。这种稳定的晶格结构使碳原子具有优秀的导电性。石墨烯中的电子在轨道中移动时，不会因晶格缺陷或引入外来原子而发生散射。由于原子间作用力十分强，在常温下，即使周围碳原子发生挤撞，石墨烯中电子受到的干扰也非常小。

石墨烯最大的特性是其中电子的运动速度达到了光速的 1/300，远远超过了电子在一般导体中的运动速度。这使得石墨烯中的电子，或更准确地应称为"载荷子"的性质和相对论性的中微子非常相似。石墨烯有相当的不透明度：可以吸收大约 2.3% 的可见光。而这也是石墨烯中载荷子相对论性的体现。

石墨烯是人类已知强度最高的物质，比钻石还坚硬，强度比世界上最好的钢铁还要高上 100 倍。哥伦比亚大学的物理学家对石墨烯的机械特性进行了全面的研究。在试验过程中，他们选取了一些直径在 $10\sim20\mu m$ 的石墨烯微粒作为研究对象。研究人员先是将这些石墨烯样品放在了一个表面被钻有小孔的晶体薄板上，这些孔的直径在 $1\sim1.5\mu m$ 之间。之后，他们用金刚石制成的探针对这些放置在小孔上的石墨烯施加压力，以测试它们的承受能力。研究人员发现，在石墨烯样品微粒开始碎裂前，它们每 100nm 距离上可承受的最大压力居然达到了大约 $2.9\mu N$。据科学家们测算，这一结果相当于要施加 55N 的压力才能使 $1\mu m$ 长的石墨烯断裂。如果物理学家们能制取出厚度相当于普通食品塑料包装袋的（厚度约 100nm）石墨烯，那么需要施加差不多两万牛的压力才能将其扯断。换句话说，如果用石墨烯制成包装袋，那么它将能承受大约两吨重的物品。石墨烯的各类优异的性能，见表 6-1。

表 6-1　石墨烯的优异性能

性　　能	指　　标
最薄最轻	厚度最薄可达 0.34nm，比表面积为 $2630m^2/g$
载流子迁移率最高	室温下为 20 万 cm^2/Vs（硅的 100 倍，理论值为 100 万 cm^2/Vs 以上）
电流密度耐性最大	有望达到 2 亿 A/cm^2（铜的 100 万倍）
强度最大最坚硬	破坏强度：42N/m 样式模量与金刚石相当可达 1TPa
优良的透光性能	可到 97.4% 的透光率
导热率最高	$3000\sim5000W/m\cdot K$（与碳纳米管相当）

6.4　石墨烯的制备

目前石墨烯的最常用的制备方法主要有四种，分别是：微机械剥离法、外延生长法、氧化石墨还原法和化学气相沉积法。

6.4.1　微机械分离法

微机械分离法是直接将石墨烯薄片从较大的晶体上剪裁下来，当初英国的两位发现石墨烯的教授安德烈·海姆和康斯坦丁·诺沃肖洛夫就是采用机械剥离法将石墨烯从石墨中提取出来的。具体做法是：首先利用氧离子等在1mm厚的高定向热解石墨（HOPG）表面进行离子刻蚀，当表面刻蚀出宽度在 $20\mu m \sim 2mm$，深度在 $5\mu m$ 的微槽后将其用光刻胶粘到玻璃衬底上，用胶带撕揭，就能把石墨片一分为二，反复操作，再将附带的透明胶带溶解在丙酮中。重复以上操作，于是薄片越来越薄，沉淀在硅片上，利用范德华力或毛细管力将单层石墨烯捞出后得到了仅由一层碳原子构成的薄片，这就是石墨烯。

这种方法获得的石墨烯品质高且成本低，但缺点是石墨烯薄片尺寸不易控制，无法可靠地制造出长度足够应用的石墨薄片样本，不适合量产。

6.4.2　外延生长法

外延生长法是高温和超高真空中使得单晶碳化硅（SiC）中的硅原子蒸发，剩下的碳原子经过结构重排形成石墨烯单层或多层，从而得到石墨烯。具体做法是：首先将样品的表面通过氧化或 H_2 刻蚀，然后在高真空下（$1.32\times10^{-8}Pa$）电子轰击加热六方晶形 SiC 到 1000℃以去除氧化物，并用俄歇电子能谱检测表面氧化物的去除情况，氧化物被完全去除后将样品加热至 1250~1450℃，碳原子通过结构重排在表面生成石墨烯层。石墨烯质量与加热温度、真空度、基底表面、电子激发强度有关。SiC 外延长法制备石墨烯的示意图，如图 6-3 所示。

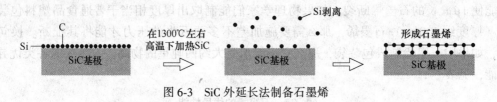

图 6-3　SiC 外延长法制备石墨烯

外延生长法所获得的石墨烯面积较大，且质量较高，缺点是单晶 SiC 制备条件苛刻，价格昂贵，况且生长出来的石墨烯难于转移，难以实现大规模制备。

6.4.3　氧化石墨还原法

氧化还原法是将天然石墨与强酸和强氧化性物质反应生成氧化石墨（GO），该法通过在石墨层与层之间的碳原子上引入含氧官能团而增大层间距，进而削弱层间的相互作用。常见的氧化方法有 Brodie 法、Staudenmaier 法及 Hummers 法。氧化后的石墨经过超声分散制备成氧化石墨烯（单层氧化石墨），加入还原剂去除氧化石墨表面的含氧基团，如羧基、环氧基和羟基，从而得到石墨烯。很多还原剂都可以用于氧化石墨烯的还原，报道比较多的有水合肼、$NaBH_4$、抗坏血酸、$NaHSO_3$、HI、Zn、Sn 等。通常还原剂还原氧化石墨烯是在溶液当中进行，温度一般在 100°以内。HI 是目前报道中还原氧化石墨烯能力最强的试剂之一，还原后的石墨烯膜电导率可以达到 29800s/m，接近高温脱氧的石墨烯电导率。化学方法制备石墨烯过程中结构转换的分子模型示意图，如图 6-4 所示。

氧化石墨还原法是目前成本最低且最容易实现规模化生产的石墨烯制备方法。

石墨　　　　　　　　　氧化石墨烯　　　　　　　化学还原石墨烯

图 6-4　化学方法制备石墨烯过程中结构转换的分子模型示意图

6.4.4　化学气相沉积法

用 CVD 法制备石墨烯的研究早在 20 世纪 70 年代就已有报道，直到 2009 年 Reina 研究组及 Kim 研究组通过 CVD 法成功制备出石墨烯才掀起了石墨烯的 CVD 制备法的热潮。CVD 法的原理是将一种或多种气态物质导入到一个反应腔内发生化学反应，生成一种新的材料沉积在衬底表面。制备石墨烯的具体做法是以甲烷等含碳化合物（甲烷 CH_4、乙炔 C_2H_2）作为碳源，在镍、铜等具有溶碳量的金属基体上通过将碳源高温分解，然后脱除氢原子的碳原子会沉积吸附在金属表面连续生长成石墨烯。

CVD 法制备石墨烯简单易行，可以得到大面积的质量较高的石墨烯，且易于从基体上分离，主要被用于石墨烯透明导电薄膜和晶体管的制备。

对上述几种制备石墨烯的方法在产品尺寸、质量等方面存在不小的差距，现进行列表对比，见表 6-2。

表 6-2　石墨烯的制备方法

制备方法	产品尺寸	产品质量	制造成本	是否适合产业化
微机械剥离法	中小尺寸	分子结构较为完整	较低	不易形成量产
外延生长法	大尺寸	薄片不易与 SiC 分离	较高	适合小批量生产
氧化石墨还原法	大尺寸	分子结构较易被破坏	较低	可以大规模生产
CVD 法	大尺寸	结构完整，质量较好	较高	可以大规模生产

6.5　石墨烯的表征

对于每一种材料而言，它的测试表征技术在材料的制备和质量检测都是不可或缺的。石墨烯制备出来之后，表征石墨烯的手段很多，可分为图像类和图谱类。图像类有光学显微镜（OM）、扫描电子显微镜（SEM）、透射电镜（TEM）、高分辨透射电子显微镜（HRTEM）、原子力显微镜（AFM）等；图谱类有拉曼光谱（Raman）、红外光谱（IR）、X 射线衍射（XRD）、X 射线光电子能谱（XPS）、紫外光谱（UV）等。利用这些表征方法，可以帮助我们观测到石墨烯的层数、片层尺寸、合成过程、形貌等信息。TEM、SEM、Raman、AFM 和光学显微镜一般用来判断石墨烯的层数，而 IR、XPS 和 UV 则可对石墨烯的结构进行表征，并可监控石墨烯的合成过程。下面介绍几个主要的表征方法。

6.5.1 光学显微镜（OM）法和扫描电镜（SEM）法

光学显微镜（OM）是快速简便表征石墨烯层数的一种有效手段。采用涂有氧化物的硅片（厚度为 300nm）作为衬底，在一定波长光波的照射下，利用衬底和石墨烯的反光强度不同造成的颜色和对比度差异来分辨层数。用于观察的衬底可以选用 Si_3N_4、Al_2O_3 和 PMMA 等材料，所得的石墨烯和衬底背景颜色的光对比度也可以通过许多图像处理的方法来达到准确分辨的目的。

扫描电镜（SEM）可用来表征石墨烯的形貌，通过图像的颜色和褶皱可反映出石墨烯的层数。单层石墨烯在 SEM 下是有着一定厚度褶皱的不平整面，二层降低其表面能，单层石墨烯形貌会向三维转变，所以单层石墨烯的表面褶皱大于双层，并随着层数的增多，褶皱程度越来越小。可以认为在图像中颜色较深的位置石墨烯层数较多，颜色较浅的位置层数较少。石墨烯的扫描电镜照片如图 6-5 所示。

1.67μm

图 6-5　石墨烯的扫描电镜照片

6.5.2 透射电镜（TEM）法

透射电镜（TEM）的成像原理是由照明部分提供的有一定孔径角和强度的电子束平行地投影到处于物镜物平面处的样品上，通过样品和物镜的电子束在物镜后焦面上形成衍射振幅极大值，即第一幅衍射谱。这些衍射束在物镜的像平面上相互干涉形成第一幅反映试样为微区特征的电子图像。通过聚焦（调节物镜激磁电流），使物镜的像平面与中间镜的物平面相一致，中间镜的像平面与投影镜的物平面相一致，投影镜的像平面与荧光屏相一致，这样在荧光屏上就观察到一幅经物镜、中间镜和投影镜放大后有一定衬度和放大倍数的电子图像。由于试样各微区的厚度、原子序数、晶体结构或晶体取向不同，通过试样和物镜的电子束强度产生差异，因而在荧光屏上显现出由暗亮差别所反映出的试样微区特征的显微电子图像。电子图像的放大倍数为物镜、中间镜和投影镜的放大倍数之乘积。

透射电镜最大的特点就是可以进行组织形貌与晶体结构的同位分析。当中间镜物平面与物镜像平面重合时，进行的是成像操作，得到的是物体的表面形貌图；当中间镜的物平面与物镜背焦面重合时，进行的是衍射操作，得到的是反映晶体结构特征的电子衍射花样。在电子衍射中，单晶得到的衍射花样为一系列规则排列的衍射斑点，多晶的衍射花样为不同半径的同心圆，非晶的衍射花样为一个漫散斑点。

高分辨透射电子显微镜（HRTEM）的分辨率可以达到单个原子量级。可反映石墨烯的层数、堆垛方式、边缘原子结构及变化、内部缺陷（如五七环结构）和表面吸附原子等信息。

采用透射电镜，可以借助石墨烯边缘或褶皱处的电子显微像来估计石墨烯片的层数和尺寸，但不能准确判断，如图 6-6 所示。若结合电子衍射（ED）则可对石墨烯的层数做出准确判断。利用透射电镜中的电子衍射可以判断石墨烯的层数，当改变电子书入射方向时，单层石墨烯的各个衍射斑点的强度基本保持不变，而对于双层以及多层石墨烯，由于层间干涉效应的存在，电子束入射角的改变会带来衍射斑点强度的明显变化，这样便可非常明确地将单层和多层石墨烯区分开。图 6-7 为单层和双层石墨烯的电子衍射斑点。

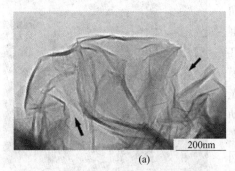 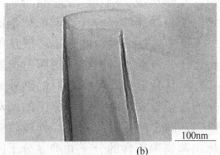

图 6-6　石墨烯的 TEM 照片

（a）低放大倍数石墨烯，类似于褶皱的丝绸，由箭头指示的
无特征区域是单层石墨烯纳米片；（b）卷曲的石墨烯

图 6-7　石墨烯的电子衍射斑点

（a）单层石墨烯的电子衍射斑点；（b）双层石墨烯的电子衍射斑点

6.5.3　原子力显微镜（AFM）

原子力显微镜（AFM）被认为是用于石墨烯形貌表征的最有力的技术之一。AFM 利用原子探针慢慢靠近或接触被测样品表面，当距离减小到一定程度以后原子间的作用力将迅速上升，因此，由显微探针受力的大小就可以直接换算出样品表面的高度，从而获得样品表面形貌的信息。石墨经氧化后，层间距会增大到 0.77nm 左右。剥离后的氧化石墨烯吸附在云母片等基底上，会增加 0.35nm 左右的附加层，所以单层氧化石墨烯在 AFM 下观测到的厚度一般在 0.7~1.2nm 左右。将氧化石墨烯沉积在云母片上，利用蔗糖溶液还原后进行 AFM 表征，如图 6-8 所示，图中的高度剖面图（ΔZ）对应着图中两点（$Z1$、$Z2$）的高度差即为石墨烯的厚度，同时若将直线上测量点选择在石墨烯片层的两端，还可以粗略测量石墨烯片层的横向尺寸。

6.5.4　拉曼光谱（Raman）和红外光谱（IR）分析

　　红外吸收光谱和拉曼光谱是测量薄膜样品中分子振动的振动谱。显然，分子振动依赖于薄膜的化学组成、结构、化学键合，而直接决定分子振动能的是分子之间的化学键合。构成薄膜样品分子振动的频率一般从红外延展到远红外范围。当用红外线照射薄膜样品时，与样品分子振动频率相同的红外光就会被分子共振吸收。由于每种分子的振动频率一般都是确定的，因此利用红外吸收光谱可以标志薄膜中所含的分子并确立分子间的键合特性。这便是红外吸收和傅里叶红外光谱的基本原理。红外光谱在石墨烯研究中，主要用来表征石墨烯及其衍生物或复合材料的化学结构。在化学法制备石墨烯的过程中，天然石墨被氧化或者氧化石墨被还原，都会伴随有红外谱图上特征吸收峰的减弱或者消失；在对石墨烯及其衍生物进行修饰改性或者复合后，同样伴随有红外谱图上峰形峰强的变化，还可能引入新的特征吸收峰。红外光谱在石墨烯研究中主要用于定性表征。

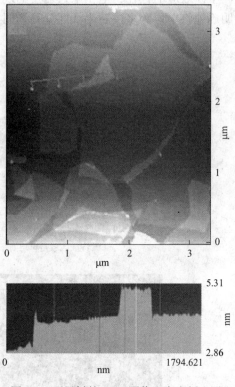

图 6-8　石墨烯的 AFM 图像和高度剖面图

　　Raman 光谱是碳材料的标准表征技术，也是一种高效率、无破坏的石墨烯检测手段。一般石墨烯的拉曼光谱中有三个极为显著的特征峰：位于 $1350cm^{-1}$ 附近的 D 峰，此峰是由石墨烯的无序性诱导（disorder-induced）引起的，对于极为有序、无缺陷的石墨烯样品的拉曼光谱观察不到 D 峰存在；位于 $1580cm^{-1}$ 附近的 G 峰，此峰由石墨烯一阶拉曼光谱的 E_{2g} 光学模产生的，一般为单峰；位于 $2700\ cm^{-1}$ 附近的 2D 峰，是由双光子在第一布里渊区中心两个互不等价的 K 点附近双共振拉曼激发引起的，一般认为 2D 峰是 D 峰的倍频峰，但在有序、无缺陷石墨烯样品的拉曼光谱中可以观察到有双峰结构的 2D 峰，研究表明石墨烯的拉曼谱中 2D 峰的强度、形状和位置等能够反映石墨烯的厚度、结构等信息。

　　图 6-9（a）中单层石墨烯的 G 峰位置比石墨的高 $3\sim5cm^{-1}$（这里的红移可能是由于化学掺杂引起的），石墨烯的 2D 峰是一个尖锐的单峰，强度 G 峰的 4 倍，而石墨的 2D 峰由 $2D_1$ 和 $2D_2$ 两个峰组成，强度分别是其 G 峰的 1/4 和 1/2。石墨的 2D 峰强度和石墨烯的 2D 峰强度相近。随着石墨烯层数的增加，2D 峰的形状和强度都有明显的变化，如图 6-9（b）、（c）所示，分别在 514 和 633nm 光照下，石墨烯 2D 峰形状、位置和强度的变化，从图中可以观察到随着石墨烯层数增加，2D 峰变得越来越宽，$2D_1$ 峰的强度越来越小，整体有红移的趋势。而多层（n>5）石墨烯的 2D 峰形状和强度与石墨的 2D 峰非常相似，很难区分出来。可以看出，用拉曼图谱中 2D 峰的半高宽和 G/2D 峰强之比可以确定石墨

烯的层数。当石墨烯的半高宽约为 30cm^{-1} 且 G/2D 强度比<0.7 时，可以判断是单层；当石墨烯的半高宽约为 50cm^{-1} 且 G/2D 强度比在 0.7~1.0 之间时是双层；当 G/2D 强度比>1时可以判断是多层。

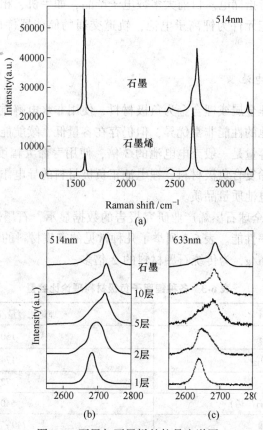

图 6-9 石墨与石墨烯的拉曼光谱图

随着石墨烯研究的不断进展，石墨烯的表征手段也越来越丰富。上述介绍的方法虽然能一定程度上对石墨烯进行表征，但都存在一定的局限，在实际研究中往往需要根据需要选择合适的表征方法，把得到的结果互相比较、互相印证才能得到关于石墨烯的准确信息。

6.6 石墨烯的应用

石墨烯自 2004 年被首次成功制备，到 2010 年这一科学成果获得诺贝尔物理学奖，只有短短的 6 年，因其独特的物理结构而具备多重优异的性能，在电动汽车、航空航天、军事装备、电子信息、新材料、新能源、生物医药等领域表现出广阔的应用前景。下面介绍几个典型的应用。

6.6.1 储能领域

面临传统能源的污染和逐渐枯竭，新能源产业的发展是整个能源供应系统的有效补充手段和治理与保护环境的重要措施，开发新能源成为当今社会亟须解决的重要任务。在推动能源绿色低碳发展和面对能源革命的新要求，一批新兴能源技术装备产业正在萌芽，人们在积极寻找清洁高效的可再生能源的同时，也把目光投向了储能领域。具体来说，这里讨论的储能领域主要特指储电。目前大多数电子产品，如手机、相机，以及电动车，甚至电动汽车，其动力储能元件为锂离子电池，轨道交通的储能器件也大规模采用了超级电容器。

6.6.1.1 锂离子电池

锂电池是一类由锂金属或锂合金为负极材料，使用非水电解质溶液的电池。与传统的电池相比，锂离子电池的性能非常优异，但仍存在容量低、续航能力弱等问题。添加了石墨烯的锂离子电池的容量是一般充电电池的 3 倍，使用寿命大幅度延长，重量大大降低。石墨烯可以作为石墨烯复合负极材料、锂电池正负极材料的导电添加剂和石墨烯功能涂层铝箔，全方位提升锂电池质量品质。

例如，根据 2016 全球石墨烯产业研究报告的数据显示，石墨烯负极材料能够提高锂电池理论比容量和倍率性能。表 6-3 列举了几种常见的富集材料的理论比容量，石墨烯的比容量为 740~780mAh/g，为传统石墨材料的 2 倍多。

表 6-3 各种锂离子负极材料理论比容量

材　料	理论比容量/$mAh \cdot g^{-1}$
$LiFeN_2$	150
$Li_4Ti_5O_{12}$	174
石墨	372
石墨（掺入石墨烯）	540
石墨烯	740~780
Sn	990

石墨烯因其特殊的片层结构，相比传统的碳负极材料，可以提供更多的储锂空间。但石墨烯材料受到首次库仑效率低、充放电平台较高等缺点的制约，导致其并不能替代传统石墨直接作为负极材料使用。关于石墨烯的储锂机理还需进一步深入研究。

石墨烯二维高比表面积的特殊结构以及其优异的电子传输能力，能有效改善正极材料的导电性能，提高锂离子的扩散传输能力。

天然石墨、乙炔黑等是常用的电极材料的导电添加剂。将石墨烯或者其他碳类导电添加剂添加在不同形貌的 Si 纳米材料中，例如 Si 纳米线，其中石墨烯作为导电添加剂的改性效果明显优于天然石墨和乙炔黑。

总的来说，石墨烯作为锂离子电池电极材料的研究已取得较丰富的成果。但为了能够满足在实际运用中对电池的循环寿命、快速大电流充放电、高比容量等需求，应该加强以下几个方面的研究：（1）为材料的商品化大规模生产应用，需注重石墨烯的制备工艺的低成本化，设计大规模生产石墨烯的制备工艺；（2）提高石墨烯及其复合电极材料的高倍率性能和循环寿命，使其能满足实际应用需求；（3）深入研究石墨烯的储锂机理及其复合材料中的微观形貌与电化学性能之间的关系，深入研究石墨烯的尺寸、结构、缺陷以及孔径等对电化学性能的影响。

6.6.1.2 超级电容器

超级电容器是 20 世纪七八十年代发展起来的一种介于传统电容器和二次电池之间的一种电化学储能装置，其容量可达几百甚至上千法拉。超级电容器具有超大容量、高功率密度、长循环寿命、充放电效率高、使用温度宽等特点，还对环境无污染，具有较高的安全性能。在电动汽车、新能源发电、信息技术、航空航天等领域具有广阔的应用前景，引起了世界广泛关注。

近年来，我国各个城市迎来了城市轨道交通建设的热潮，城市轨道运营总里程越来越长，因此，轨道交通（简称"轨交"）装备产品需求量上涨，其中超级电容器作为新型轨交储能装备，将迎来一轮新的发展契机。2013~2015 年间，国内超级电容器的市场规模由 19.4 亿元增长到超过 70 亿元，发展十分迅速。2015 年十月，中国中车株洲电力机车有限公司自主研制新一代大功率石墨烯超级电容器，在功率、电能运用效果以及可运用时间上大幅度提升。2016 年中，高性能石墨烯及其复合材料作为大容量超级电容器储能装备重点攻关技术被列入《中国制造 2025-能源装备实施方案》。随着人们对石墨烯各项性能，尤其是电性能研究的深入，石墨烯有可能是未来最有潜力的超级电容器电极材料，超级电容器是目前石墨烯最有突破性的应用，因此，石墨烯超级电容器市场产业链爆发在即。

石墨烯是完全离散的单层石墨材料，其整个表面可以形成双电层，但是在形成宏观聚集体过程中，石墨烯片层之间互相杂乱叠加，使得形成的有效双电层面积减少（一般化学法制备获得的石墨烯具有 $200 \sim 1200 \mathrm{m}^2/\mathrm{g}$）。即使如此，石墨烯仍然可以获得 $100 \sim 230\mathrm{F/g}$ 的比电容。如果其表面可以完全释放，将获得远高于多孔炭的比电容。同时石墨烯片层所特有的褶皱以及叠加效果，可以形成的纳米孔道和纳米空穴，有利于电解液的扩散，因此石墨烯基超级电容器具有良好的功率特性。

石墨烯超级电容器（见图 6-10）和其他电容器各方面性能对比见表 6-4。

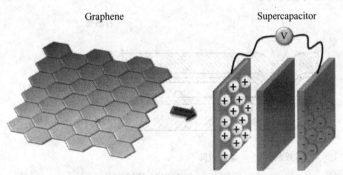

图 6-10 石墨烯超级电容器

表 6-4 不同电容器之间的性能对比

性能	传统电容器	炭基超级电容器	电池	石墨烯超级电容器
能量密度/Wh·kg⁻¹	<0.1	1~10	20~500	10~170

续表 6-4

性能	传统电容器	炭基超级电容器	电池	石墨烯超级电容器
功率密度/$W \cdot kg^{-1}$	10000	500~10000	<1000	1500~2200
放电时间	$10^{-6} \sim 10^{-3}s$	0.3~30s	0.3~3h	快充快放
充电时间	$10^{-6} \sim 10^{-3}s$	0.3~30s	1.5h	快充快放
库仑充放电效率/%	~100	85~98	70~86	~100
循环寿命/万次	>105	>105	>100	>105
电压储存的影响因素	电极面积和电介质	电极材料和微孔结构和电解液	活性材料的质量和力学性能	

注：数据来源为根据文献资料、专家调研整理，海通证券研究所。

目前世界石墨烯超级电容器能量密度最先进水平大约可以达到 90Wh/kg（实验室水平），已经接近普通的锂电池。一旦超级电容器突破了能源密度瓶颈，同时具备了高功率密度与高能量密度，必将在电池能源领域占据主导地位。

6.6.2　电子信息领域

石墨烯在电子信息行业的潜在应用主要集中在柔性显示以及传感器领域。

6.6.2.1　柔性显示

柔性显示（Flexible displays）是指一类使用柔性基板，可以制造成超薄、超大、可弯曲的显示器件或显示技术。石墨烯因具有超强的抗弯强度，因此，采用石墨烯制作的柔性显示屏具有耐冲击、可卷曲、轻量便携、节能环保等特性，适用于便携式消费电子产品。

石墨烯在电容式触摸屏中替代 ITO 材料（脆性高），或者在电阻式触摸屏中涂在金属表面，如图 6-11 所示。石墨烯与现有手机触摸屏材料氧化铟锡相比，具有低成本、高性能、更柔韧、更环保的特色，并拥有不偏色不泛黄的特点。以当前价格相比，预计要比现有触摸屏手机成本降低 30% 左右。目前全球已经出现石墨烯手机屏幕的量产。图 6-12 展示的是石墨烯柔性可穿戴手机。

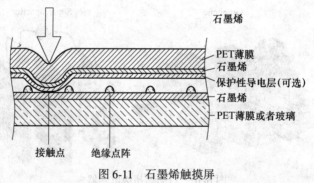

图 6-11　石墨烯触摸屏

6.6.2.2　传感器

传感器即能感受规定的被测量并按一定的规律（数学函数法则）转换成可用输出信号的器件或装置。石墨烯基压力传感器在电子信息行业中具有非常大的应用前景。单层石

图 6-12 石墨烯柔性可穿戴手机

墨烯优异的力学和电磁性能使得石墨烯成为理想的力学传感器材料。例如，在可穿戴电子器件中植入石墨烯传感器，能够检测各种人体运动，包括呼吸、吞咽、发声等。前面介绍的石墨烯触摸屏是石墨烯基应变传感器的应用之一。目前，石墨烯应变传感器主要集中在高灵敏、稳定性及可重复性等方面的研究。石墨烯压力传感器比硅压力传感器具有更优异的性能，包括高量程、高灵敏度以及纳米级尺寸。这些优点预示石墨烯压力传感器将有望在更多场合得到应用。

石墨烯还可以以光子传感器的面貌出现在更大的市场上，这种传感器是用于检测光纤中携带的信息的，现在，这个角色还在由硅担当，但硅的时代似乎就要结束。2010 年 10 月，IBM 的一个研究小组首次披露了他们研制的石墨烯光电探测器。英国剑桥大学及法国 CNR 的研究人员已经制造出了超快锁模石墨烯激光器，这项研究成果显示了石墨烯在光电器件上大有可为。

石墨烯传感器的研究刚刚起步，距离产业化还有很长一段时间。

除此，研究表明，石墨烯在电子信息领域的应用还有可能代替硅用于电子产品。硅让我们迈入了数字化时代，但研究人员仍然渴望找到一些新材料，让集成电路更小、更快、更便宜。在众多的备选材料中，石墨烯倍加引人瞩目。石墨烯如今已经出现在新型晶体管、存储器和其他器件的原型样品当中。石墨烯运送电子的速度比硅快几十倍，因而用石墨烯制成的晶体管工作得更快、更省电。石墨烯可以被刻成尺寸不到 1 个分子大小的单电子晶体管，石墨烯单电子晶体管可在室温下工作，而 10nm 是硅材料技术无法再发挥作用的小型化极限。以国际商业机器公司（IBM）为例，其已研制出运行速度最快的石墨烯晶体管，IBM 公司于 2010 年 12 月发布了与美国麻省理工学院的共同研究成果——在碳化硅基板上形成的栅长 240nm 的石墨烯场效应晶体管，并验证其截止频率为 230GHz。石墨烯器件制成的计算机 CPU 的运行速度可能达到太赫兹，即 1 千兆赫兹的 1000 倍，因此，有研究者认为石墨烯可能最终会替代硅。

再者，英国科学家开发出了可取代传统半导体的超材料石墨烯，包括英国国家物理实验室在内的跨欧研究小组开发出的石墨烯材料，将成为微型芯片和触摸屏等未来高速电子产品的关键成分。

6.6.3　生物医学领域

由于生物医学领域是跨学科的综合领域，各种各样的材料在该领域起着至关重要的作用，尤其是炭材料。2008 年后，石墨烯逐渐开始在生物医学领域中得到应用。它可作为高度生物相容性的复合材料细胞生长支架植入体内，也可作为载体运输药物，还可以制备生物传感器等装置用于细菌分析、DNA 治疗和蛋白质检测。例如，中国科研人员发现细菌的细胞在石墨烯上无法生长，而人类细胞却不会受损。利用这一点石墨烯可以用来做绷带，食品包装甚至抗菌 T 恤。由于导电的石墨烯的厚度小于 DNA 链中相邻碱基之间的距离以及 DNA 四种碱基之间存在电子指纹，因此，石墨烯有望实现直接的，快速的，低成本的基因电子测序技术。图 6-13 为美国研究人员制得的石墨烯薄膜 DNA 快速测序装置。

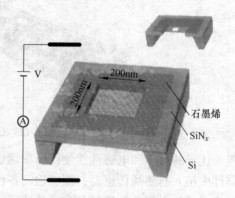

图 6-13　石墨烯薄膜 DNA 快速测序装置

总之，石墨烯在纳米药物运输系统、生物检测、肿瘤治疗以及细胞成像等方面的应用，填补了部分生物医药技术的空白，为推动生物医药行业的发展，具有广阔的应用前景。

6.6.4　复合材料领域

在第 2 章，介绍了复合材料的相关知识。石墨烯是目前已知的力学强度最高的材料，并有可能作为添加剂广泛应用于新型高强度复合材料之中。石墨烯在复合材料上的应用大体可分为导电性、导热性、力学性能 3 个方面。

导电性能方面，石墨烯的内部电子迁移率远超过目前已知载流子迁移率最大的半导体材料锑化铟，而面电阻仅为 $30\Omega/m^2$ 左右，性能超过已知最好的导体银或铜。因此在复合材料中更容易形成导电通路，能大幅度降低导电填料的添加量，要应用领域涉及导电塑料、导电橡胶、导电油墨、防腐涂料、石墨烯透明导电薄膜等方面。

导热性能方面，石墨烯具有极强的导热能力，其热导率远高于金属材料。因此可作为导热、散热器件使用。目前市面上已经出现了用石墨烯制作的取暖设备，如石墨烯地暖、取暖挂画等。

力学性能方面，石墨烯不仅可以开发制造出纸片般薄的超轻型飞机材料，还可以制造出超坚韧的防弹衣，甚至能让科学家梦寐以求的 3.7 万公里（2.3 万英里）长太空电梯成为现实。人类通过"太空电梯"进入太空，所花的成本将比通过火箭升入太空便宜很多。为了激励科学家发明出制造太空电梯缆线的坚韧材料，美国 NASA 此前还曾发出了 400 万美元的悬赏。研究表明石墨烯增强聚乙烯醇（PVA）复合材料，只需要添加 0.7%（重量比）的石墨烯，就可以使复合材料的拉伸强度提高 76%，同时其杨氏模量增加 62%；另外，在功能化石墨烯增强的聚氨酯复合材料中，当石墨烯含量为 1% 时，其复合材料的强度提高 75%，模量提高 120%。石墨烯在增强复合材料方面超越了碳纳米管。美国伦斯勒理工学院的研究者表明，石墨烯可用于制造风力涡轮机和飞机机翼的增强复合材料。

　　其他复合材料领域中，如纺织领域、电磁屏蔽领域、航空航天领域、橡胶领域、涂料领域、导电油墨等，石墨烯也能够大展拳脚，有着广阔的发展空间。

6.6.5　节能环保领域

　　环保行业的发展与人类的生活和生存息息相关，在其快速发展的同时，也面临着前所未有的挑战。石墨烯由于具有无比优越的性能，如巨大的比表面积和极佳的导电性等，在环保领域有着巨大应用前景，受到了各国科研工作者及企业研究人员的关注。

6.6.5.1　石墨烯光催化技术及水处理

　　如今，绿水青山上升到国家层面，由于我国水系污染面广量大，仅城市黑臭水体治理就已经动用了全社会的力量，收效并不明显。二维结构光催化技术正是在这个特定的历史时期进入大众的视野，利用太阳能，将其转化为净化能和生物能，净化我们多年的污染，还绿水清水于社会。随着石墨烯被发现及应用研究，石墨烯光催化网（见图 6-14）应运而生。当太阳光照射到光催化网上时，网上负载的光催化材料会产生光生载流子和光生空穴，产生氧化还原反应，净化水质，能够将黑水变为绿水，适合微生物的生长。

图 6-14　石墨烯光催化网

　　另据报道，石墨烯纳米多孔膜和层状堆叠的氧化石墨烯渗透膜对气体、水、离子具有传质行为，石墨烯对水中重金属离子、染料及有机污染物（如有机染料、烃类、原油、农药和一些天然有机物质）具有吸附行为。因此在海水淡化、污水处理等反面具有潜在应用。

6.6.5.2　节能领域

　　墨烯具有高导热性，导热系数高达 5300W/m·K，这一特性使石墨烯在热工装备及余热利用中具有广泛的应用前景。利用石墨烯材料，结合现有的工艺和设备，可提升技术方案和改进或新建设备，实现能耗的大幅下降，帮助传统产业满足越来越严格的环保法规，获得生存空间。

　　2015 年，英国曼彻斯特大学的国家级石墨烯研究所研制出了全新的石墨烯灯泡如图6-15 所示，拥有比 LED 灯泡更坚固的结构和更低廉的价格。石墨烯的导电能力强，可让灯泡使用时间拉长，并减少 10%的能源消耗。

　　石墨烯还可用于制备太阳能电池。透明的石墨烯薄膜可制成优良的太阳能电池。美国鲁特格大学开发出一种制造透明石墨烯薄膜的技术，所制造的石墨烯薄膜只有几厘米宽、1~5nm 厚，可用于有机太阳能电池；美国南加州大学的研究人员已将石墨烯用于制作有机太阳电池。石墨烯有机太阳能电池造价低，而且柔韧性好，因此研究人员看好其应用前景，例如这种石墨烯有机太阳能电池可做成家用窗帘，甚至可以做成会发电的衣服。目前研究人员已能制作多种尺寸的石墨烯，其中面积最大的为 $150cm^2$。

图 6-15　石墨烯 LED 灯效果图

 复习思考题

6-1 石墨烯的结构与碳纳米管、石墨、富勒烯之间存在什么关系？

6-2 石墨烯的制备技术有哪些，并列表对比。目前工业上最常用的制备方法是什么？

6-3 石墨烯的透光性如何，具有什么样的应用？

6-4 石墨烯具有哪些最强性能？

6-5 石墨烯为什么可以在复合材料中作为增强剂？

6-6 石墨烯最初是如何被成功制备的？

6-7 一般可以通过什么手段判断石墨烯的层数？

6-8 什么是储能材料，石墨烯在储能领域中的应用具有什么优势？

7 活性炭材料

7.1 概　　述

活性炭材料包括活性炭、活性炭微球、活性纳米碳管及活性炭纤维等品种。它们都具有丰富的孔隙结构，因此拥有巨大的比表面积。其中活性炭是一种碳质吸附材料，具有吸附能力强、化学稳定性好，力学强度高，且可方便再生等特性，备受世人关注，被广泛应用在工、农、医、交通、环保等领域，并且随着人们生活水平的提高和对环境保护意识的增强，对活性炭等吸附材料的需求量逐年增长。本章主要学习活性炭的结构、性能及应用，简单了解其他活性炭材料。

7.2 活　性　炭

活性炭是由含碳材料制成的外观呈黑色，内部孔隙结构发达，比表面积大，吸附能力强的一类微晶质炭素材料。常规活性炭的比表面积在 $500 \sim 1000 m^2/g$。高吸附性能的活性炭可达 $\geqslant 2500 m^2/g$。活性炭的主要成分（质量分数）为碳（约占 $90\% \sim 95\%$），含氧 $2\% \sim 5\%$，含氢 1.5% 以下。不同种类的活性炭中还含有不同比重的金属化合物。另外，活性炭还存在一定含量的灰分，它是活性炭的无机部分，主要来自活性炭生产用原料。木质活性炭灰分含量较低煤基活性炭灰分含量较高，需采用特殊工艺降低灰分含量。

7.2.1 活性炭的发展

自古以来，活性炭就在食品、医药上脱色、防毒、除味等方面获得应用。20 世纪初，欧洲诞生了活性炭工业。它作为优质的吸附剂和催化剂载体在许多领域得到了广泛应用。

国外活性炭生产国有美国、俄罗斯和日本等。世界活性炭的年产量约 70 万吨，其中一半以上是由美国、日本及西欧经济共同体等工业国生产。欧美等发达国家在活性炭制造技术方面已完成大型化、自动化、连续化、无公害化制造体系。而且对制造新工艺的研究与活性炭微孔结构和表面化学基团的关系研究，做到了品种的专用化和多样化。

我国活性炭工业初创于 20 世纪 50 年代。经历几十年代的发展，目前，我国活性炭出口产量在十万吨以上，产值也在逐年上升。

7.2.2 活性炭的分类

活性炭的产品种类很多，按生产原料不同可分为：（1）木质活性炭。即以木屑、木炭等制成的活性炭。（2）煤质活性炭。以褐煤、泥煤、烟煤、无烟煤等制成的活性炭。（3）果壳活性炭。以椰子壳、橄榄壳、核桃壳、杏核等制成的活性炭。（4）合成活性炭。

即通过化学合成法制成的活性炭。（5）再生活性炭。目前也有采用石油类原料、动物骨血等制备的活性炭。

　　按照制造方法可分为物理法活性炭、化学法活性炭、化学物理法或物理化学法活性炭。按活性炭的外观也可分为粉末状、颗粒状、纤维状等活性炭。

　　为了保护日益减少的森林资源，木质活性炭生产受到限制，在活性炭的总产量中所占比重逐年减少，而以煤为原料的煤基活性炭产量逐年上升。我国是煤炭生产国，煤炭资源储量丰富，品种齐全，具有生产活性炭的各种原料煤，为我国煤基活性炭的生产及发展奠定了基础。

7.2.3　活性炭的结构

　　活性炭的结构比较复杂，既不像石墨、金刚石那样碳原子按一定规律排列的晶体结构，又不像一般含碳物质具有复杂的大分子结构。

　　根据研究，赖利（Riley）提出两种活性炭结构模型：

　　（1）第一种是由类似石墨的基本微晶构成，这些基本微晶多数由六角形排列的碳原子何平行层片组成，各层片的排列是不规则的、紊乱的，即为"乱层结构"。

　　（2）第二种结构类型为不规则交联碳六角形空间格子，这时由类石墨层片扭曲造成。

　　目前，人们普遍认为活性炭是由类似石墨的碳微晶按"螺层形结构"排列，由于微晶间的强烈交联形成了发达的孔结构，赋予活性炭特有的吸附功能。活性炭的孔结构与原料、生产工艺有关。依据不同尺寸孔隙中分子吸附的为不同，将孔分为大孔、中孔和微孔组成，大孔孔径为 $50 \sim 2000nm$，中孔为 $2 \sim 50nm$，微孔孔径小于 $2nm$。活性炭的孔隙结构，如图 7-1 所示。

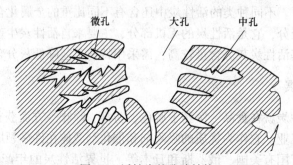

图 7-1　活性炭的孔隙结构

　　但实际上这样的划分带有失偏颇，因为吸附过程或填充过程不仅依赖于孔隙形态，而且受吸附质性能以及吸附质-吸附剂间相互作用的影响。

　　按照分子尺度和吸附剂之间的关系所划分的吸附状态主要有四种：

　　（1）分子尺度>细孔直径时，因分子筛作用，分子无法进入孔隙，故不起吸附作用。

　　（2）分子尺度≈细孔直径时，分子直径与细孔直径相当，吸附剂对吸附分子的捕捉能力非常强，适于极低浓度下的吸附。

　　（3）分子尺度<细孔直径时，吸附质分子在细孔内发生毛细凝聚，吸附量大。

　　（4）分子尺度≪细孔直径时，吸附的分子容易发生脱附，脱附速度快，但低浓度下的吸附量小。

7.2.4 活性炭的性质

7.2.4.1 活性炭的表面化学性质

活性炭的性质主要表现为表面化学性质。活性炭是疏水性的非极性吸附剂，能选择性地吸附非极性物质，而对不饱和的含碳化合物，如含双键或三键的化合物选择吸附能力较小。

在制备活性炭的活化反应中，微孔进一步扩大形成了许多大小不同的孔隙，孔隙表面一部分被烧掉，化学结构出现缺陷或不完整，此外由于灰分及其他杂原子的存在，使活性炭的基本结构产生缺陷和不饱和价，使氧和其他杂原子吸附在这些缺陷上与层面和边缘上的碳反应形成各种键，从而形成各种表面功能基团，因此，活性炭产生了各种各样的吸附特性。对活性炭吸附性质产生重要影响的化学基团主要是含氧官能团和含氮官能团。

活性表面官能团分成酸性（羧基—COOH、羟基—OH、羰基—C = O）、碱性（—CH_2、—CHR，能与强酸和氧反应）和中性（醌形羰基）。图7-2为活性炭表面可能存在的几种含氧官能团。一般来说，活性炭的氧含量越高，其酸性越强，并且具有与阳离子交换的特性。相反，氧含量越低，活性炭表现出碱性特征以及阴离子交换特征。

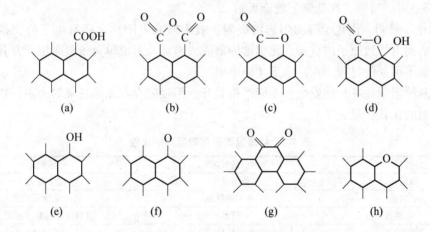

图 7-2　活性炭表面含氧官能团

(a) 羧基；(b) 酸酐；(c) 内酯基；(d) 芳醇基；(e) 羟基；(f) 羰基；(g) 醌基；(h) 醚基

含氮官能团也对活性炭的性能产生显著影响。活性炭表面的含氮官能团主要是通过活性炭与含氮试剂反应和用含氮原料制备两种方式引入。活性炭表面可能存在的几种含氮官能团，如图7-3所示。

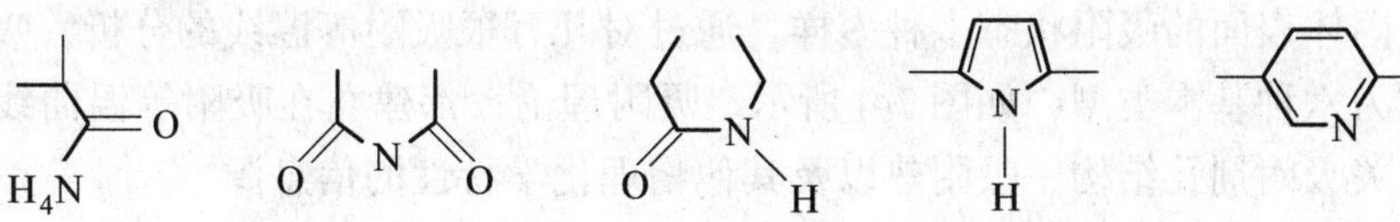

图 7-3　活性炭表面的含氮官能团

活性炭是广泛使用的吸附剂，在气相或液相中可以有效地吸附其中某些气体和物质，达到分离和提质的目的。这一特性是基于发达的孔隙结构和巨大的比表面积。这里介绍吸附理论的相关知识。

7.2.4.2 吸附理论

A   有关吸附的概念

(1) 吸附。当两相接触时，两相的界面上出现一个组成不同于两相中任何一相的区域的现象，即两相界面上的物质的重新分配。

(2) 吸附剂。能够将其他物质聚集在自己表面上的物质。

(3) 吸附质。被聚集在吸附剂表面上的物质，通常是液体或气体中被吸附的物质。

(4) 脱附或解吸。吸附在吸附剂表面上的物质脱离吸附剂表面的过程。

(5) 吸附平衡。当吸附质的吸附速率=解吸速率，即在单位时间内吸附数量等于解析的数量，则吸附质在气体或液体中的浓度 c 与吸附剂表面上的浓度不再变化时，达到吸附平衡，此时的浓度 c 称为平衡浓度。

B   吸附的分类

(1) 物理吸附。靠分子间力产生的吸附，可吸附多种物质，可形成多分子吸附层。吸附-解析是可逆过程，在低温下就能吸附。

(2) 化学吸附。由化学键力引起的吸附，吸附质和吸附剂之间有电子的交换、转移或共有，从而可导致原子的重排、化学键的形成或破坏。形成单分子吸附层，并具有选择性，同时是不可逆的过程，在高温下才能吸附。

上述两种吸附往往相伴发生，不能严格分开，但吸附存在以某种吸附为主。物理吸附和化学吸附的比较，见表7-1。

表 7-1   物理吸附和化学吸附的比较

性质	物理吸附	化学吸附
吸附力	范德华力	化学键力
吸附热	近于液化热	近于化学反应热
吸附温度	较低	相当高（远高于沸点）
吸附速度	快	有时较慢
选择性	无	有
吸附层数	单层或多层	单层
脱附性质	完全脱附	脱附困难，常伴有化学变化

C   吸附理论

对于给定的固体-气体体系，在温度 T 一定时，可认为吸附作用势 E 一定。这时吸附量 Q 只是压力 P 的函数，吸附量与压力之间的关系曲线叫做吸附等温线。

气体在固体表面的吸附状态多种多样。通过对几万根吸附等温线的分析，吸附等温线形式可归纳为六种基本类型，如图7-4所示。吸附理论大都建立在吸附等温曲线上，吸附等温线是有关吸附剂孔结构、吸附热以及其他物理化学特性的信息源。

第 I 类等温吸附线具有如下特点，即在低压下组分吸附量随组分压力的增加迅速增加。当组分压力增加到一定值后，吸附量随压力变化很小一般认为这类曲线是单分子层吸

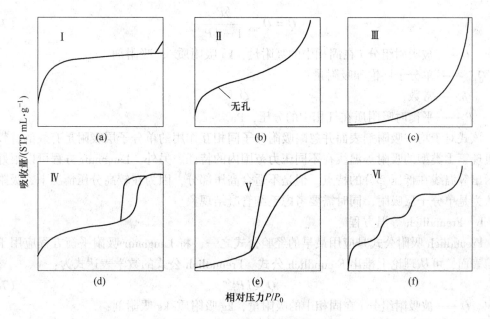

图 7-4　六种吸附等温线类型

附特征曲线，也有认为是微孔充填的特征。

非多孔性固体表面发生多分子层吸附属于第Ⅱ种类型，它代表在多相基质上不受限制的多层吸附，拐点的存在表明单层吸附到多层吸附的转变，亦即单层吸附的完成和多层吸附的开始。

第Ⅲ类表示的是吸附剂与吸附质互相作用较弱、吸附剂和吸附质之间的相互作用小于吸附质之间的相互作用时（即较强的吸附质-吸附质相互作用）的情况，在此情形下，协同效应导致在均一的单一吸附层形成之前形成了多层吸附，故引起吸附容量随着吸附的进行而迅速提高，吸附质-吸附质之间的相互作用对吸附过程起很重要的影响。在非孔表面上水蒸气吸附就该型吸附等温线最好的例子。

第Ⅳ类曲线具有明显的滞后回线，一般解释为是因为吸附中的毛细管现象，使凝聚气体分子不易蒸发所致。氮气、有机蒸气和水蒸气在硅胶上的吸附属于这一类型。

第Ⅴ类与第Ⅳ类相似，很少吸附剂中的一些中孔或微孔炭表现出型吸附等温线，只是吸附质与吸附剂相互作用较弱。

第Ⅵ类曲线又称阶梯形等温线，该吸附等温线的例子相当稀少，但具有特殊的理论意义，其代表在均匀非孔表面如石墨化炭上逐步形成的多层吸附，每一台阶高度提供了不同吸附层的吸附容量。

基于不同的热力学观点和吸附机理，人们提出了多种不同的吸附平衡模型。

a　Langmuir 等温方程

Langmuir 吸附模型描述的是均匀表面上的单层吸附。Langmuir 吸附理论的基本假设包括：（1）分子或原子被吸附在吸附剂表面的一些固定的位置上；（2）每个位置只能被一个分子或原子所占据；（3）所有位置的吸附能都是一个常数（理想均匀表面）且被吸附的相邻分子或原子之间无相互作用。当吸附速率与解吸速率达到动态平衡时，可以得到：

$$Q = Q_{max} \frac{bP_i}{1 + bP_i} \tag{7-1}$$

式中 Q——被吸附组分 i 在固相中的吸附量，kg 吸附质/kg 吸附剂；

Q_{max}——单分子层饱和吸附量；

b——常数；

P_i——平衡时吸附质在气相中的分压，Pa。

该式对于均一吸附剂表面并忽略吸附分子间相互作用的单分子层吸附是有效的，较好地表现第 I 类型的吸附等温线在不同压力范围内的特征。另外，Langmuir 方程可以很好地表示出等温线在低压部分的特点。但是不适合高压部分，因为在较高分压情况下，吸附不能认为是单分子层吸附，同时需要考虑毛细管凝结现象。

b   Freundlich 等温方程

Freundlich 吸附公式是应用最早的经验公式之一，将 Langmuir 吸附平衡方程应用于不均匀表面，可从理论上推出 Freundlich 公式。Freundlich 公式的数学表达式为：

$$Q = kP_i^{1/n} \tag{7-2}$$

式中 Q——被吸附组分 i 在固相中的吸附量，kg 吸附质/kg 吸附剂；

k, n——吸附常数；

P_i——平衡时被吸附组分在气相中的分压，Pa。

Freundlich 公式常用于描述吸附质浓度变化范围不是很大的非均匀表面的气固吸附体系。等温线方程最初由实验而得，它在描述稀释水溶液中的吸附过程等问题中得到了广泛应用。并且认为，当 $1/n$ 介于 $2 \sim 10$ 之间时，易于吸附；当 $1/n < 0.5$ 时，则难以吸附。

c   BET 方程

在吸收 Langmuir 的基本思想并引进了一系列简化假设后，Brunauer、Emmett、Teller 三人提出了多分子层吸附理论—BET 模型。并建立了等温方程式。BET 方程假设：固体表面是均匀的；被吸附分子间无相互作用力；可以有多层分子吸附，而层间作用力为范德华力，总吸附量为各层吸附量的总和。依据此原理导出的 BET 吸附等温线方程为 BET 二常数吸附等温线方程，当吸附物质的平衡分压远比饱和蒸气压小时，则变成 Langmuir 方程，即 Langmuir 方程是 BET 方程的特例。BET 方程的优点是适用范围广，缺点是形式复杂，特别是用多组分。

$$\frac{\dfrac{P}{P_s}}{n\left(1 - \dfrac{P}{P_s}\right)} = \frac{1}{n_m c} + \frac{c - 1}{n_m c} \frac{P}{P_s} \tag{7-3}$$

$$c = e^{(q_1 - q_L)/RT} \tag{7-4}$$

式中 $q_1 - q_L$——净吸附热；

P_s——饱和蒸气压，Pa。

d   微孔填充理论

微孔填充理论又称 Dubinin 理论。吸附势理论认为：在固体吸附剂表面附近存在一个位势场，邻近的气体分子在场的作用发生吸附。吸附场的作用力大得足以在吸附剂表面形成许多吸附层，吸附层处于受压状态，内层受压最大，第二层次之；相应地密度依次变小，直至下降到与周围气体密度相同。

微孔填充理论源于 Polanyi 提出的吸附势能理论。按照该理论，吸附势能可以表示为：

$$\varepsilon = RT\ln(P_0/P) \tag{7-5}$$

式中　ε——吸附势能；

R——摩尔气体常数；

T——温度；

P_0，P——分别为饱和蒸气压和气体分压。

微孔填充理论的两个主要论点为：

（1）同一气体在同一吸附剂上的吸附特性曲线与温度无关，即特性曲线的温度无关性。气体吸附剂系统的吸附空间体积和吸附势的分布与温度无关，即

$$\left(\frac{\partial A}{\partial T}\right) = 0$$

（2）不同气体在同一种活性炭上的特性曲线形状相似，即特性曲线的亲和性。

该理论的主要表达方程式为 D-R 或 D-A 方程。

$$\text{D-R 方程} \quad W = W_0\exp\left(-\frac{RT}{E_0}n\frac{P_s}{P}\right) \tag{7-6}$$

$$\text{D-A 方程} \quad W = W_0\exp\left(-2\frac{A}{\beta E_0}\right) \tag{7-7}$$

式中　W——吸附量；

A——Polanyi 的吸附势（吸附相于平衡气体间的自由能变化），$A = RT\ln(P_0/P)$；

W_0——微孔容积；

E_0——特征吸附能，是依赖于微孔结构的参数；

β——由表面分子间相互作用所决定的系数，被称为亲和系数，使用氮气时，$\beta = 0.33$；

n——指数 1~3，$n=1$ 时对应孔径分布较宽的碳质吸附剂，$n=2$ 时对应孔径分布较窄的碳质吸附剂（如活性炭），$n=3$ 时对应特别结构的碳质吸附剂。

7.2.4.3　活性炭吸附过程的主要影响因素

活性炭可用于气相吸附，也可用于液相吸附，两者使用的条件不同，影响活性炭吸附力的因素也有差别。

A　气相吸附的影响因素

a　温度

组成气体的各种分子，处在不同的热运动状态之中。气体分子的热运动受温度的影响。当温度降低时，运动分子上的能量减小，因而排出每一个分子的剩余能量所需要的吸引力就比较小，气体分子较容易被吸附。吸附时排出的剩余能量是以吸附热的形式放出，由于吸附的放热反应，因此，温度升高对吸附不利。

b　压力

对于易被吸附的蒸汽，大幅度增大压力对其吸附的影响不大。大多数在常压下达到接近于饱和吸附量。但对于吸附性较小的气体，在高压下吸附量却显著增大。

c   沸点和临界温度

沸点和临界温度高的气态物质一般易于被吸附。表 7-2 为活性炭对各种气体的吸附能力。

表 7-2   活性炭对各种气体的吸附能力

气体名称	吸附量（15℃）/cm² · g⁻¹	沸点/℃	临界温度/℃	分子量
光气	440	+8.3	182.0	98.9
SO₂	380	-10.0	157.5	64.0
氯化甲烷	277	-24.1	143.1	50.5
氨	181	-33.3	132.3	17.0
H₂S	99	-61.8	100.4	34.0
HCl	72	-83.7	51.4	36.5
N₂O	54	-68.7	36.5	44.0
乙炔	49	-83.5	36.0	26.0
CO₂	48	-78.5	31.0	44.0
CH₄	16	-161.5	-82.1	16.0
CO	9	-192.0	-140.0	28.0
O₂	8	-183.0	-118.4	32.0
N₂	8	-195.8	-147.0	28.8
H₂	5	-252.8	-239.0	2.0

沸点和临界温度较高的光气和二氧化硫的吸附量较大。这一点可以用毛细凝聚现象来解释，即沸点和临界温度高的气态物质，容易产生毛细凝聚作用而被吸附。沸点和临界温度较低的气体，在 0℃时吸附量不大，但是在足够低的温度下，能被大量吸附，例如氮在常温下的吸附量很小，但在沸点温度下却能被大量吸附。适当地调整温度，往往能靠吸附来分离一些气体。例如，温度在-90℃至-110℃附近，二氧化碳能有效地从空气中分离出来；在较高温度下，二氧化碳的吸附不完全，而在较低的温度下，出现氮和氧的吸附。

虽然，凝聚性是一个主要因素，但被吸附的气体或蒸汽的量并不总是与沸点或临界温度严格相关。例如，表中的二氧化碳的沸点比一氧化碳、氯化氢和乙炔高，但吸附量却较小，氧的临界温度比二氧化氮高，但吸附量却较小。这种偏差反映对所涉及的所有的力，还没有充分了解。在许多研究中，不同蒸汽的吸附是在同样的温度下测定的，这个条件往往扩大了凝聚因素的影响。这可以通过乙炔（沸点-161.5℃）和甲醇（沸点 64.0℃）的比较来说明，如果两者都在 25℃时被吸附，显然，出于甲醇在这个温度下相对地容易凝聚，所以其吸附量就大得多。

d   吸附质分子的大小

在低压下（压力小于 1 毫米汞柱约 133.32Pa）活性炭对同族化合物的吸附量，随化合物分子量的增大而增加。例如，活性炭对醚类物质的吸附量，由小到大的排列顺序是二甲基醚、二乙基醚、二丙基醚。但当压力增大到一定数值时，吸附量排列的顺序却完全颠倒过来，即变为二丙基醚、二乙基醚、二甲基醚。

在评价蒸汽的相对吸附性时，与计量单位有关，如果计算吸附量以克为单位时，四氯化碳的吸附量比三氯甲烷大，但是，如果以毫克摩尔数为基准时，两者被吸附的毫克摩尔数大致相同。

e　混合气体的吸附

对于两种气体或蒸汽的混合体，如果某种气体在单纯状态下易被吸附，一般也会优先被活性炭从混合物中吸附。但是每一种气体或蒸汽在混合状态下的吸附量，可能小于在纯态中相同的分压下的个别吸附量。在实际应用中，遇到的情况多数是混合气体，如果混合气体中某一成分的吸附量很小，往往可以忽略不计。例如，在常温下用活性炭从空气中吸附有机蒸汽时，可忽略空气的吸附量。

B　液相吸附的影响因素

a　可吸附的溶质

对无机物的吸附性范围很大，一个极端是离解的盐类，如氯化钾和硫酸钠，这些盐在实际应用中可以看成是不被炭吸附的；在另一个极端，碘是已知的最容易被吸附的物质之一。在这两个极端之间，各种物质有不同程度的可吸附性。有些物质的吸附性随着化学变化。

已经发表的关于从溶液中吸附有机物质的资料充分说明，分子结构是影响吸附现象的一个重要因亲。影响的趋向是：

(1) 芳香族化合物一般比分子大小相近的脂肪族化合物更容易被吸附。

(2) 具有支链的化合物一般比直链化合物易于被吸附。

(3) 立体异构体的变化情况不一致，富马酸（反式丁烯二酸）的可吸附性比（顺式丁烯二酸）大。但反式均二苯基乙二醇的可吸附性比顺式小。

(4) 右旋和左旋的旋光异构体的可吸附性相同。

b　溶解度

溶解度增大反映溶剂和溶质之间有较大的亲和力，并妨碍炭的吸附。因此，任何增加溶解度的变化，都可能伴随着吸附性的降低。这样，极性基（以对水的亲和力为特征）。一般降低在水溶液中的吸附。相反，分子量较大的脂肪酸和酯类具有较大的吸附性，部分的原因是它们在水溶液中的溶解度较小。

溶解度只是作为一种抑制力，这种力是对炭的吸引力的滞动力。溶解度，也并不妨碍那些被强烈地吸引到炭素表面上的物质的吸附，氯醋酸，也能很好地被吸附。

C　电离作用和溶液的酸碱度

电离一般不利于炭的吸附。无机盐类的离子的吸附量不大。有机物的未离解分子，比离解的离子更易吸附。虽然一般离子不容易被炭吸附，但氢离子是个例外，它在某些条件下能较大量地被吸附。因此其他阴离子在酸中和氢离子缔合时，具有重大的可吸附性。甚至无机酸（如硫酸）也能从较高的浓度中被大量吸附。

在许多系统中，溶液的酸碱度是一个重要因素。低 pH 值能促进有机酸的吸附，pH 值较大时，有利于有机碱的吸附，对于每种溶质有其特定的最佳 pH 值。

D　多溶质

工艺过程中的净化经常涉及除去各种溶质的混合物的问题。所以，了解多种溶质对吸附现象的影响是有用的。在只有一种溶质的纯溶液中测定的相对吸附性较大的化合物往往优先从混合物中被吸附，但也常有例外。

某些溶质能改变其他特定溶质的溶解状态，因而影响吸附性。例如，碘化钾增大的溶解度，因而减少被吸附的碘量。相反，当脂肪酸真溶液中加入氯化钠以减少脂肪酸的溶解度时，脂肪酸的吸附量就增加。

某些溶质能加强其他特定溶质的吸附。例如，胆留醇和皂角甙相互增加彼此的吸附性；吸附了刚果红的炭对靛蓝有较大的吸附力，但对亚甲基蓝的吸附力则较小；用水不溶的酸性染料浸渍的炭，能吸附水溶液中的碱，未处理的炭则没有这种性质，这种被吸附物的相互作用，通常称为共吸附现象。

E　溶剂的影响

水是用炭净化的工艺过程中最常见的溶剂。大多数有机物在有机溶中的吸附量要比在水溶液中少，原因之一就是有机物在有机溶剂中的溶解度较大。另一个因素是溶剂也被吸附。水被炭吸附的作用较小，相反，有机溶剂则能强烈地被吸附。因此，给溶质分子剩下的游离有效表面积就小了。

通过对混合溶剂吸附的研究，发现有各种不同的影响。在有些情况下，例如在甲苯和苯的混合溶剂中，吸附量直接和每种溶剂在混合液小的百分比有关。对某些混合溶剂，一种组分甚至很小量存在时，也可以有很大的影响。对于有些溶剂的混合物，发现在溶剂的中间混合状态时吸附量最大。

7.2.5　活性炭的制备

活性炭是通过把木材、煤、泥炭等许多来自植物的、成为碳前驱体的原材料，在几百摄氏度的温度下炭化以后，在进行活化而制成的。炭化在惰性氛围气中进行，原材料经过热分解放出挥发分而变成炭化产物，此刻的炭化产物的比表面积只有每克几十平方米左右。而具有发达的孔隙及其相应比表面积的活性炭是再需将该炭化产物用水蒸气、二氧化碳或化学药品（如氯化锌）在高温条件下进一步活化而制得。活化后的活性炭再根据需要制成不同形状和大小的产品。其中活化是很重要的一步。

按照活化机理和活化剂可将活性炭的制备分为物理法、化学法以及其他活化法（如物理-化学，模板法）。

7.2.5.1　物理活化法

物理活化法又称为气体活化法，采用水蒸气、CO_2、空气、烟道气等活化气体与炭化后的炭材料反应以形成孔隙的工艺。

活化剂在高温下与碳发生氧化还原反应，生成气体（如 CO、H_2）。由于碳化物表面受到侵蚀，是碳化物的孔结构更加发达。孔隙的生成与碳的氧化程度有密切的关系，而炭的氧化必然要消耗炭，因此常用烧失率，即活化期间炭减少的质量分数来度量炭的活化程度。杜比宁（Dubinin）认为，烧失率小于 50%，得到微孔活性炭；烧失率大于 75%，得到大孔活性炭；烧失率介于两者之间时，得到的是混合结构。

物理法活化的工艺流程为：原料预处理→碳化→活化→酸洗水洗→后处理→产品。工艺过程的影响因素包括碳化温度、碳化时间、活化温度和时间、活化剂流量、炭材料成分等。例如水蒸气活化法，其反应为水煤气的反应，它是在隔绝氧气和 750~950℃ 的条件下完成的，以避免炭表面积烧失而降低活性炭的产率。碳与水蒸气的反应受炭材所含灰分中的金属及金属氧化物的催化作用影响，使气化反应显著提高，因此，反应时常加入金属催化剂。二氧化碳活化法实际上是使用烟道气作为活化剂，其中还混杂着大量的水蒸气，很少单独使用二氧化碳气进行活化。一般用碱金属的碳酸盐做催化剂，温度控制在 $850 \sim 1100℃$ 之间。

7.2.5.2 化学活化法

将各种含碳原料与化学药品（如 H_3PO_4、$ZnCl_2$、KOH 等）均匀地混合或浸渍后，在适合的温度下，经过碳化、活化与回收化学药品等过程制取活性炭的方法称为化学活化法。

化学法活化的工艺流程为：原料预处理→浸渍陈放→活化→酸洗水洗→后处理→产品。采用不同的活化剂，其活化机理有所不同。表 7-3 为不同化学活化剂的活化机理。

表 7-3 不同化学活化剂的活化机理

活化剂	活化机理
H_3PO_4	磷酸的加入降低了碳化温度，150℃开始形成微孔，200~450℃主要形成中孔，磷酸作为催化剂催化大分子键的断裂，通过缩聚和环化来参与键的交联
$ZnCl_2$	低温时气化脱氢，限制焦油的形成，450~600℃氯化锌气化，氯化锌分子浸渍到碳的内部起骨架作用，碳的高聚物碳化后沉积在骨架上，当用酸和热水洗去氯化锌后，炭就成了具有巨大表面的多孔结构活性炭
KOH	在低温时生成表面物种（—OK、—OOK），高温时通过这些物种进行活化反应。活化过程中消耗的碳主要生成碳酸钾，从而使产物具有很大的比表面积。在800℃左右，以金属钾（沸点762℃）形式析出，金属钾的蒸汽不断挤入碳原子所构成的层与层之间进行活化

磷酸法生产活性炭和氯化锌法相比，污染较小且产量大。磷酸法炉温在 $400 \sim 500℃$，相比于氯化锌法的 $500 \sim 600℃$，工艺温度降低了不少。氢氧化钾活化法制备活性炭时，活化后的洗涤是关键。未洗时，产品的孔很少，先后经过酸水洗，热水洗，蒸馏水洗，把产品中的非本体物质洗去，它们原来占据的空间就形成了孔。因此，虽然洗涤较复杂，但一定要反复洗涤，直到洗干净为止。

7.2.5.3 活性炭的再生法

活性炭的再生是活性炭吸附的逆过程，即将饱和吸附各种杂质的活性炭经过物理、化学或生物化学等处理方法，使其恢复吸附能力，从而延长活性炭的使用寿命，降低运行成本，从而减少资源的浪费。

7.2.6 活性炭的表征与检测

7.2.6.1 活性炭的表征

A 孔径分布

由于活性炭孔隙结构的微观性以及复杂性，对活性炭孔隙结构很难进行准确的表征。常用的表征方法有压汞法、分子吸附法和密度函数理论、毛细管凝聚法等，但每一种方法都有其局限性。

　　压汞法主要用来测定大孔和中孔范围的孔径结构。该方法利用液态汞在 200MPa 高压下压入孔体系，所填充的容积是压力的函数，蒸气凝聚的压力与孔隙的半径密切相关。

　　分子吸附法是用来测定微孔，利用一定温度（77K）下氮气吸附测定吸附等温线，可采用重量法和容量法。根据氮气的吸附等温线求比表面积和孔径分布。

　　毛细管凝聚法是物理吸附法中测定孔径分布最常用的一种方法。其测量范围在 $0.0005 \sim 0.04\mu m$。

　　B　表面化学性质

　　前面介绍了活性炭表面可能含有酸性、碱性、中性基团，最常见的基团是羧基、羟基、内酯基和酚羟基。这些基团使活性炭在水中呈两性。利用这种酸碱特性可以测定出表面的含氧基团。

　　常用的测定方法有 Boehm 滴定、零电荷点（PZC）、X 射线光电子能谱（XPS）、傅里叶变换红外光谱（FT-IR）和热重分析法等。

　　a　Boehm 滴定法

　　它根据不同强度的碱与酸性表面氧化基团反应的可能性对含氧官能团进行定性与定量分析。一般认为 $NaHCO_3$（pK = 6.37）仅中和炭表面的羧基，Na_2CO_3（pK = 10.25）可中和炭表面的羧基和内酯基，而 $NaOH$（pK = 15.74）可中和炭表面的羧基、内酯基和酚羟基。根据碱消耗量的不同，可计算出相应的官能团的量。

　　b　零电荷点（PZC）

　　零电荷点 PZC 为水溶液中固体表面净电荷为零时的 pH 值（称为等电点），它可用来表征活性炭表面酸碱性。PZC 与活性炭酸性表面氧化物特别是羧基有着密切关系。如果不存在除 H^+、OH^- 之外的吸附离子，则 $pH_{PZC} = pH_{IEP}$，IEP 一般通过电泳法测定。有研究认为通过电泳法测得的 IEP 为活性炭的外表面特征，由于 OH^- 和 H^+ 比活性炭的微孔要小。因此，通过滴定法测定出的 PZC，对应的是活性炭的全部表面或绝大部分表面特征。

　　c　X 射线光电子能谱（XPS）

　　XPS 是一种有效的表面分析技术。在超高真空环境下，利用 X 射线照射样品表面，产生光电效果激发光电子释放到真空中。观测光电子的运动能量后，可获取样品表面的元素组成和化学状态的相关信息。

　　d　傅里叶变换红外光谱（FT-IR）

　　红外吸收光谱是利用物质分子对红外辐射的特征吸收，来鉴别分子结构或定量的方法。傅里叶变换红外技术采用了干涉光装置，避免了黑色活性炭由于对红外辐射吸收强和表面不均匀对红外光的散射造成的 "背景" 吸收，具有光通量大、分辨率高，已成为活性炭表面官能团定性分析的有力工具。

　　e　热重分析

　　根据不同官能团的热稳定性不同，在惰性气体中热分解，得到样品失重的微分曲线和积分曲线。失重曲线可间接反映出活性炭的表面结构尤其是表面官能团种类。

　　C　微观结构

　　活性炭的表面、孔隙等微观结构可采用 SEM（扫描电镜）或 TEM（透射电镜）的方法进行观察。目前，比表面积大多采用全自动吸附仪，采用液氮静态吸附方法来表征活性炭的微观结构。具体方法采用 BET 标准试验方法测定活性炭的比表面积。以已知量的氮气引入含有冷却至液氮温度的已知质量的样品的定量体积中。在样品的表面上吸附一单层氮原子，并按压力与体积的关系计算出未被吸附的气体量。根据吸附的氮量和每一氮分子占据的表面积计算出每克样品的平方米比表面积。

7.2.6.2 活性炭的检测

一般对活性炭的物理性能、吸附性能和化学性能进行准确的检测，对指导活性炭的生产和应用非常重要，这也是对活性炭进行科员研究必须采用的方法。目前在我国活性炭生产和销售中主要采用的活性炭检测方法有中国方法（GB）、美国方法（ASTM）和日本方法（JIS）等。按活性炭种类分有煤基活性炭检测方法和木质活性炭检测方法，虽然检测方法和检测结果有差异，但其基本原理相同。活性炭的主要检测指标有性能检测、微观结构分析检测、应用模拟评价检测。

A 活性炭的性能检测

a 物理性能检测

它包括对活性炭的水分含量、灰分含量、强度、粒度分布、表观密度、漂浮率、着火点、挥发分含量等进行检测。活性炭的应用目的不同，对物理性能的要求会有所不同（这种不同不仅指性能指标，还包括项目的数量），例如用于水处理的颗粒活性炭一般要求测试漂浮率、水分、强度、灰分、装填密度、粒度分布等项目，当用户指定采用粉状活性炭时，一般不测试强度和漂浮率；当活性炭用于溶剂回收用途时，一般需检测着火点、水分、强度、装填密度和粒度分布。

b 吸附性能检测

它包括水容量、亚甲基蓝吸附值、碘值、苯酚吸附值、四氯化碳吸附/脱附率、饱和硫容量、防护时间等项目。后两者用于对化学防护用活性炭或其催化剂、吸附剂的有效防护性能的评价。例如，碘值是表征活性炭吸附性能的一个指标，一般认为其数值高低与活性炭中微孔的多少有很好的关联性；亚甲基蓝也是表征活性炭吸附性能的一个指标，由于其分子直径较大，一般认为其主要吸附在孔径较大的孔内，其数值的高低主要表征活性炭中孔数量的多少。

c 化学性能检测

它包括元素组成（含工业分析、元素分析和有害杂质分析）、表面氧化物，泽塔电位（等电点、pH 值等）等。

B 微观结构分析检测

活性炭的微观结构表征为比表面、孔容积、平均孔隙直径与分布等。如前所述。

C 应用模拟评价检测

美国规定了活性炭气相和液相应用的原则性、指导性测定方法，适合单组分吸附。但实际几乎不可能，有时偏差严重。因此准确评价活性炭实际应用效果，需进行实验室模拟吸附实验。液相吸附一般用吸附柱法；气相吸附通常测定吸附穿透曲线。

7.2.7 活性炭的应用

活性炭作为优良的吸附剂，常用于水体净化、空气的净化、工业废气回收、贵重金属的回收及提炼等。其应用范围涉及化学工业、食品加工、医疗卫生、农业、国防等领域、催化及电化学电源，在环境保护和人类生活中起着重要作用。具体来说，活性炭的应用主要有：液相吸附、气相吸附、催化剂等。

7.2.7.1　液相吸附

活性炭在液相中主要用于包括水处理、食品工业脱色及贵金属回收等。其中，水处理主要应用在饮用水的净化、废水处理、工业用水处理这三大方面。尤其是近年来人们对饮用水水质要求要来越高，由于活性炭的高吸附功能以及活性炭表面发生的还原反应，它常被用来作为水的净化剂使用。食品行业中，活性炭也是优良的脱色剂，被大量运用于制糖工业，制酒工业以及其他食品工业中。

7.2.7.2　气相吸附

活性炭在气相吸附中的应用主要包烟道气、工业废气的处理和净化、生活空气净化、油气回收及毒气防护等。如今随着生活质量的提高，人们对室内的环境有了更高的诉求，不少人住上了新房子，装修后的有毒气体残留给健康带来了一定的隐患。活性炭作为室内有害气体吸附剂能很好地利用自身的微孔结构，把有害气体吸附进去，能较为彻底、长效的达到空气净化目的。

7.2.7.3　催化剂

由于活性炭中无定型碳和石墨碳具有不饱和键，有类似于结晶缺陷的表现，活性炭本身就具有催化活性，一般可单独作为催化剂使用。也可以作为催化剂载体，负载活性离子。

此外，活性炭还可用于土壤的污染治理、储氢、作为新型储能器件的电极材等。在医疗方面，活性炭可用于吸附出去人体代谢产物，还用于血液净化和抗癌药剂载体。

7.3　活性炭纤维

活性炭纤维（Activated Carbon Fiber，ACF）是 20 世纪 70 年代后期发展起来的第三代高效活性吸附材料和环保工程材料。与目前常用的粉末及颗粒活性炭相比其含碳量高、比表面积大、微孔丰富，孔径小且分布窄，具有较大的吸附量和较快的吸附速度，再生脱附容易，工艺灵活（可制成纱、布、毡、纸等多种形态）。目前 ACF 已被广泛应用于工业废水、废气的处理。

主要发育了大量的微孔，都直接开于表面。因此，活性炭纤维具有很大的比表面积（多数在 $800 \sim 1500 \mathrm{m}^3/\mathrm{g}$）。此外，活性炭纤维的主要成分是 C，但也存在微量的杂质原子，包括 O、H，此外还有 N、S 等。它们与 C 结合形成相应的官能团，其中以含氧基团在活性炭纤维表面含量较为丰富，这些特征赋予炭纤维具有优良的吸附性能。活性炭纤维的孔隙结构，如图 7-5 所示。

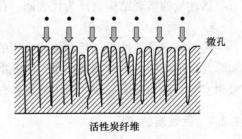

图 7-5　活性炭纤维的孔隙结构

活性炭纤维与颗粒状活性炭的区别在于：

（1）活性炭。活性炭含有大孔，中孔和微孔，其吸附主要为物理吸附，吸附过程一般分为外部扩散、内部扩散、吸附反应 3 个阶段。主要影响吸附速率的是前两个阶段。

（2）活性炭纤维。大量的微孔直接开于表面。没有内部扩散阶段。吸附过程只有外部扩散、吸附反应两步。没有内部扩散阶段。

常见的 ACF 制备原料有黏胶、酚醛纤维、聚丙烯腈、沥青、聚酰亚胺纤维、聚苯乙烯纤维及空心纤维等。制备的关键在于活化工艺，而在相同活化工艺参数下，最终产品的活化效果又取决于所用原料活化的难易程度，因此原料性质和结构的不同，会导致具体的生产工艺及参数有所不同，所得产品性能和结构也有各自的特点。不同原料基 ACF 的主要特点见表 7-4。

表 7-4　不同原料基 ACF 的主要特点

原料	黏胶基	PAN 基	酚醛基	沥青基	PVA 基
化学式	$(C_6H_{10}O_5)_n$	$(C_3H_3N)_n$	$(C_{63}H_{55}O_{11})_n$	$(C_{124}H_{80}NO)_n$	$(C_2H_4O)_n$
理论碳收率/%	44.4	67.9	76.6	93.1	54.5
工艺特点	原料低廉，但效率低、强度低，比表面积在 1600m²/g 以下，生产工艺复杂	比表面积在 1500m²/g 以下，结构中含有 4%～8% 氮，工艺较简单、成熟	原料低廉，收率高，比表面积可达 3000m²/g，工艺简单	原料低廉，收率高，但强度低，比表面积在 1800m²/g 左右，杂质多	原料低廉，比表面积在 2500m²/g 以下，强度比较高，生产工艺复杂

活性炭纤维具有吸附容量大，达到吸附平衡的速率快；吸附脱附速度快，再生容易，不易粉化；吸附力强、吸附完全；氧化还原能力，特别适合水处理方面（包括饮用水净化、工业用水处理、废水处理等）得到广泛的应用。

7.4　活性炭微球

球形活性炭是 20 世纪 70 年代后期由日本、美国、联邦德国和苏联等工业发达的国家研制开发成功的一种高档活性炭新品种，80 年代后期逐渐进入工业化阶段。它是由石油沥青或高聚物经特殊工艺制成的新型吸附剂，被广泛应用与化工，石化，医药、防毒防护、能源环保等领域。

球形活性炭具有均匀的球形外表，表面光滑、力学强度高、比表面积大、耐磨损、耐腐蚀，长期使用掉屑少，产品杂质含量低等优点。

制备球型活性炭的原料有：煤、高分子和沥青。其制备工艺如图 7-6 所示。常见的制备方法有压条成球法、介质分散法、喷雾法、反响乳液法和热缩聚法、乳液法、悬浮法等。

未来活性炭材料仍会向着"高吸附，大比表面积态（粉状、球状、颗粒状等），高强度，低成本"方向迈进，广泛用于空气净化、溶剂和贵重金属的精制与回收、食品保鲜、医药精制、血液净化、防毒面具、防除放射性物质等领域，并取得了令人满意的效果，同时实现了大规模的工业化生产。

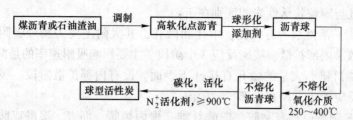

图 7-6　活性炭微球的制备工艺

复习思考题

7-1　活性炭按原料来源可分为哪几类？

7-2　活性炭的孔隙如何划分？

7-3　活性炭的结构有何特点？

7-4　什么是活性炭的再生，有何意义？

7-5　比较分析物理吸附和化学吸附，活性炭的吸附以哪种吸附为主？

7-6　活性炭纤维和活性炭的区别有哪些？

7-7　活性炭材料制备过程中最关键的工艺是什么？

8 其他炭材料

8.1 金刚石薄膜

金刚石因绚丽的色彩、独特优异的物理和化学性能（如机械特性、热学特性、光学特性、纵波声速、半导体特性及化学惰性等）备受人们的关注。金刚石具有极高的硬度，室温下有很高的热导率，对光线而言从远红外区到深紫外区完全透明，有极低的可压缩性，极佳的化学惰性，其生物兼容性超过了钛合金等等。然而由于天然金刚石数量稀少，价格昂贵，尺寸有限等因素，人们很难利用金刚石的上述优异的性能。

根据天然金刚石存在的事实以及热力学数据，人们一直想通过碳的另一同素异形体石墨来合成金刚石。但由于金刚石与石墨之间存在着巨大的能量势垒，要将石墨转化为金刚石，必须使用高温高压技术来人工合成，使得人工高温高压合成的金刚石价格昂贵。

1955 年，Berman 和 Simon 指出在金刚石和石墨的平衡线上方金刚石是稳定的，在平衡线下方石墨是稳定的；金刚石和石墨的表面自由能之差为 2090J/mol，暗示了在高温高压平衡线附近，在催化剂的作用下，过饱和的碳可能凝结为亚稳态的金刚石。同年，美国的 General Electric 公司成功地将碳溶解在金属（过渡金属，如镍、铁、锰等）催化剂的溶液里，在 2000℃、5.5GPa 条件下，通过使过饱和碳结晶成功地合成了金刚石。但是由于高温高压合成的金刚石呈粉末状，生成颗粒较小且成本高，使得人工合成金刚石在实际中的应用受到很大的限制。20 世纪 60 年代，人们认识到在碳氢化合物热解过程产生的原子氢能够促进金刚石的形成，70 年代中期，苏联科学家观察到原子氢能促进金刚石的形成和阻止石墨的共生。直到 1982 年，日本科学家 Matsumoto 和 Sato 等使用热丝化学气相沉积（HFCVD）法在 $0.001\sim0.010\text{MPa}$ 的低压下用 CH_4 和 H_2 的混合气体首次成功地合成了金刚石薄膜，并且利用 CVD 技术合成的金刚石薄膜物理性质和天然金刚石基本相同或相近，天然金刚石和 CVD 金刚石薄膜的物理性质比较，见表 8-1，它们的化学性质则完全相同，这使得金刚石的应用领域进一步扩大，见表 8-2。这一技术的成功让人们再次看到广泛应用金刚石的曙光，从而掀起了一个研究金刚石薄膜的热潮。

表 8-1　天然金刚石和 CVD 金刚石薄膜的物理性质比较

物理性质	天然金刚石	高质量 CVD 金刚石多晶薄膜
硬度/kg·mm^{-2}	10000	$9000\sim10000$
体积模量/GPa	$440\sim590$	
杨氏模量/GPa	1200	接近天然金刚石
热导率/[W·(cm·K)$^{-1}$]，300K	20	$10\sim20$

物理性质	天然金刚石	高质量 CVD 金刚石多晶薄膜
纵波声速/m·s^{-1}	18000	
密度/g·cm^{-3}	3.6	2.8~3.5
折射率（590mm 处）	2.41	2.4
能带间隙宽度/eV	5.5	5.5
透光性	225mm 至远红外	接近天然金刚石
电阻率/Ω·cm^{-1}	10^{16}	>10^{12}

表 8-2 国内外金刚石薄膜的研究情况对照

研究情况	国 内	国 外
衬底材料	Si，Mo，Cu，WC，石英，石墨，高压金刚石，天然金刚石，金刚石复合片，c-BN，Ta，Si$_3$N$_4$，Al$_2$O$_3$	Si，Mo，Cu，WC，石英，石墨，高压金刚石，天然金刚石，金刚石复合片，c-BN，W，Al$_2$O$_3$，高速钢，Ta，Ni，钢，Pt，Si$_3$N$_4$
大面积	φ100mm 以上	微波等：φ150mm 以上；热灯丝：φ300mm
生长速率	65μm/h	100μm/h 以上，最高达 930μm/h
掺杂	掺 B，p 型半导体，1Ω·cm 以下；离子注入	掺 B，p 型半导体，10^{-10}Ω·cm 掺 P，n 型半导体，100Ω·cm（不适器件制备）
外延生长	同质外延：(100)，(110)，(111)	同质外延：(100)，(110) 和 (111) 异质外延：c-BN、Si、Ni
选择性生长	在硅衬底实现了金刚石薄膜的选择性生长	在硅衬底实现了金刚石薄膜及单个金刚石颗粒的选择性生长
低温生长	400℃	300~400℃
缺陷控制		基本无缺陷的金刚石颗料（生长速率 0.1μm/h）
超薄膜		厚为 50nm 的金刚石连续薄膜

金刚石膜具有极其优异的物理和化学性质，如高硬度、低摩擦系数、高弹性模量、高热导、高绝缘、介电常数小、击穿电压高，宽能隙和载流子的高迁移率以及这些优异性质的组合和良好的化学稳定性等，是一种性能优异的电子薄膜功能材料，因此金刚石薄膜在各个工业领域有极其广泛的应用前景。

8.1.1 金刚石薄膜的结构

金刚石薄膜属于立方晶系，面心立方晶胞，每个晶胞含有 8 个 C 原子，每个 C 原子采取 sp^3 杂化与周围 4 个 C 原子形成共价键，金刚石结构如图 8-1 所示，牢固的共价键和空间网状结构是金刚石硬度很高的原因。

8.1.2 金刚石薄膜的制备

金刚石的合成方法从 50 年代的高温高压（HTHP）到 80 年代初日本科学家首次使用化学气相沉积（CVD）法。金刚石薄膜制备的基本原理是在衬底保持在 800~1000℃的温度范围内，化学气相沉积的石墨是热力学稳定相，而金刚石是热力学不稳定相，利用原子

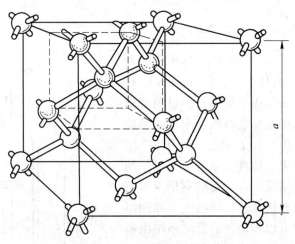

图 8-1 金刚石薄膜的结构

态氢刻蚀石墨的速率远大于金刚石的动力学原理，将石墨去除，这样最终在衬底上沉积的是金刚石薄膜。

CVD 制备的金刚石薄膜，不仅成本低，质量高，而又可大面积制备，使人们大规模应用金刚石优异性质的愿望得以实现。近年来，金刚石薄膜的制备工艺有了长足的发展，到今天人们发展了多种合成方法，如热丝 CVD 法（HFCVD）、燃烧火焰沉积法（Flame deposition）、直流电弧等离子喷射 CVD 法（DAPCVD）、微波等离子体 CVD 法（MW-PCVD）、激光辅助 CVD 法（LACVD）。各种气相合成金刚石薄膜方法比较表 8-3。下面介绍常见的几种制备方法及原理。

表 8-3 各种气相合成金刚石薄膜方法比较

方　　法	面积 /cm²	质量/拉曼测试	衬底	优点	缺点
火焰法	<1	+++	Si，Mo，TiN	简单	面积小，稳定性差
热丝法	100	+++	Si，Mo，氧化硅等	简单，大面积	易受污染
直流放电法（低压）	70	+	Si，Mo，氧化硅等	简单，大面积	品质不好，速率低
直流放电法（中压）	<2	+++	Si，Mo	快速，品质好	面积太小
直流等离子喷射法	2	+++	Mo，Si	高速，品质好	面积较小，有缺陷
RF 法（低压）		-/+	Si，Mo，BN，Ni，氧化硅		速率低，品质差、易污染
RF 法（101325Pa）	3	+++	Mo	速率高	面积小，不稳定
微波等离子体法（0.9~2.45GHz）	40	+++	氧化硅，Mo，Si，WC	品质好，稳定性好	速率低、面积小
微波等离子体法（ECR2.45GHz）	<40	-/+		低压，面积适中	速率低，质量不太好

8.1.2.1 热丝 CVD 法（HFCVD）

HFCVD 法是热分解法合成金刚石薄膜的发展，最早是在 1982 年由日本科学家 Matsumoto 和 Sato 等提出的。该方法虽提出较早，但目前使用仍非常普遍，并且已经发展成沉积金刚石薄膜较为成熟的方法之一。热丝 CVD 法装置如图 8-2 所示，主要由真空反应室、抽真空系统、进气控制系统和基板加热系统组成。真空反应室是由石英管制作的，反应室内有热灯丝，样品支架和测温热电偶等，样品支架可以转动，抽真空系统由机械泵和真空计组成。碳源气体和氢气按一定比例混合后进入反应室，其流量用质量流量计控制，碳源气体浓度一般 ≤5%（体积比）。基本原理是：靠在衬底上方设置金属热丝（如钨、钽丝等）高温（2000～2200℃）加热分解含碳的气体，形成活性粒子在原子氢的作用下在衬底（保持在 700～1000℃）上沉积而形成金刚石。热丝法是目前应用较多和效果较好的合成方法，其特点是设备简单，工艺容易掌握，可得到较完整的

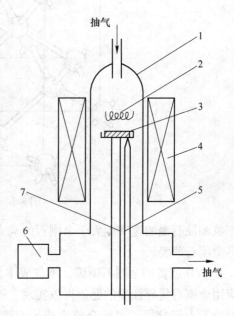

图 8-2 热丝 CVD 法装置示意图

1—石英管；2—灯丝；3—基体；4—电炉；
5—热电偶；6—真空计；7—样品支架

金刚石膜，缺点就是沉积速率较慢（$V<10\text{m/h}$），不均匀，工艺稳定性差，易污染，由于基体温度较高，且受热丝限制，不易形成较大面积的膜等，限制了应用范围的扩大适合于初期研究。最近还提出两种改良的 HFCVD 模型：反应气体分送的 HFCVD 法（碳源气体和氢气由热丝的下方和上方分别送入）和电子助进的 HFCVD 法（给衬底加一大约 150V 的偏压）。改良后的 HFCVD 法获得了比一般 HFCVD 法具有更高的沉积速率，而且金刚石薄膜的质量也得到了显著的提高。

8.1.2.2 燃烧火焰沉积法（Flame Deposition）

燃烧火焰沉积方法最早是在 1988 年由日本学者 Hirose 等提出，随后在 Naval 研究室得到证实，成为金刚石薄膜制备的一种很好的方法。该方法所使用的碳源气体为乙炔，助燃气体为氧气。将两种气体在乙炔枪中混合，在大气中燃烧，燃烧火焰分为三个区：内焰、外焰和还原焰，将衬底放置在火焰的还原焰区域生成金刚石。该方法中氧气和乙炔的比例 R 是影响金刚石薄膜质量的关键因素，只有在 $R=0.7\sim1.0$ 区域才能生长成金刚石，其他区域都不利于金刚石的生长，而且研究表明当 $R=0.97\sim1.0$ 时，可生长出透明的光学级金刚石薄膜。这种方法的优点是设备简单、成本低，能在大气中合成金刚石，生长速度快（60～150m/h），有利于大面积和复杂形状样品表面上金刚石的沉积。其缺点是：沉积的金刚石薄膜具有不均匀的微观结构，薄膜常含非金刚石碳等不纯物，由于火焰的热梯度，易使衬底发生弯曲变形，并在薄膜中产生较大的热应力。

8.1.2.3 直流电弧等离子喷射 CVD 法（DAPCVD）

该方法是一种放电区内的直流电弧等离子体 CVD 法，最早是在 1988 年由 Kurihara 等报道的，与其他方法相比该法具有极快的沉积速度，在 1990 年时 Ohtaka 就利用阴阳极呈直角的反应器实现了 930m/h 的高速生长，曾一度成为热点方法，许多国家投入了大量的资金开展这种装备的研制，我国对高功率直流电弧等离子喷射 CVD 金刚石薄膜制备也进行了研究，并在近几年相继研制成功了 70kW 和 100kW 级直流电弧等离子喷射 CVD 金刚石薄膜大面积沉积装置。该方法的制备工艺如下：在杆状阴极和环形阳极之间施加直流电压，当气体通过时引发电弧，加热气体，高温膨胀的气体从阳极嘴高速喷出，形成等离子体射流，引弧的气体通常是氩气，等形成等离子体射流后，通入反应气体甲烷和氢气，甲烷和氢气被离化，并达到水冷沉积台的衬底，在衬底上成核、生长金刚石。这种技术具有生长速度快，沉积的金刚石薄膜质量好，适用于复杂表面，气体利用率高，无电磁污染等优点。但是由于喷射等离子体的速度场和温度场不均匀，使其沉积范围内膜厚不均，呈梯形分布；沉积面积不大；反应时衬底温度高；沉积速度过快时膜的表面不平整，降低了膜的致密度。

8.1.2.4 微波等离子体 CVD 法（MWPCVD）

1989 年，Mitsuda 等首先报道了用 MWPCVD 法沉积金刚石薄膜。他们所使用的设备是：微波功率 2~5kW，微波由矩形波导转换到一种轴向天线耦合器，在大气压下形成等离子体；高压等离子体由耦合器的"针孔"处喷射到水冷的样品台上继而形成金刚石薄膜，主要气源是氩气，反应气体为甲烷和氢气。其结构原理如图 8-3 所示。在 1994 年，美国 Argonne 国家实验室，Gruen 博士通过这种方法采用 C60 也合成了这类薄膜材料。现如今，MWPCVD 经过改进已形成了多种形式：按真空室的形式来分，有石英管式、石英钟罩式和带有微波窗的金属腔体式等；按微波与等离子体的耦合方式来分，有表面波耦合式、直接耦合式和天线耦合式等。目前最常使用、最简单也是最早出现的装置是表面波耦合式石英管式装置。MWPCVD 不仅可以沉积出高纯度的金刚石薄膜，沉积速率也可以通过增大微波

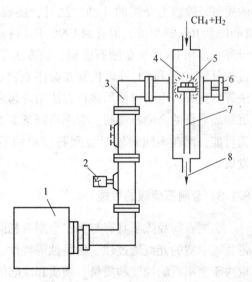

图 8-3 微波等离子体 CVD 装置
1—微波发生器；2—功率计；3—波导管；
4—等离子体；5—基片；6—调节；
7—工作架；8—真空泵

功率来提高。用 5kW 微波功率的 MWPCVD，可以以 10m/h 的速率沉积工具级金刚石薄膜，8m/h 的速率沉积热沉级金刚石薄膜，3m/h 的速率沉积光学级金刚石薄膜。于 1999 年，美国 ASTEX 公司成功研制出 75kW、915MHz 频率的 MWPCVD 装置，大大提高了金刚石薄膜的沉积速率，降低了生产成本，所沉积出的金刚石粒径也从 50mm 上升到

250mm。在我国，MWPCVD 装置的研制与发达国家如美国、日本相比虽有一定的距离，但这种差距正在逐步缩小。在 1993 年和 1997 年我国相继研制成功了 800kW 的天线耦合石英钟罩式和 5kW 不锈钢腔体天线耦合式 MWPCVD 装置。MWPCVD 法的特点是：无内部电极，可避免电极放电污染和电极腐蚀；运行气压范围宽；等离子体密度高，可产生大体积均匀等离子体；可在曲面或复杂表面上沉积金刚石薄膜等。但是此方法也有不足之处，就是沉积速率偏低。尽管如此，此方法仍是目前用于沉积金刚石薄膜最为广泛的方法。

8.1.2.5　激光辅助 CVD 法（LACVD）

此方法 1986 年由日本学者 Kitahama 等人首先提出，利用激光作为热源，通过激光束来促进碳源气体的分解和激发，同时有适当高能量的电子作用于衬底表面，衬底表面温度较高，生长初期成核密度高。1996 年美国 QQC 公司报道利用 LACVD 法，膜的最快生长速率可达 3600m/h。LACVD 金刚石薄膜的生长是一种很有发展前景的方法，这种方法的优点是：具有高的生长率；较低的衬底温度；生成的金刚石膜表面平整并且可以选择性沉积。但其最大的不足之处就是设备长时间工作的稳定性差、不易于大面积沉积。陆宗仪等人在 1997 年提出了一种新型的激光——等离子体辅助化学气相沉积装置，在此装置中激光和等离子体均处于较易实现的和较低的能量水平，避免了各自的缺点，大大提高了成膜的质量。除以上介绍的几种方法外，还有水热法合成金刚石，这种方法是在 1957 年由 Tuttle 和 Roy 提出的，但直到 1996 年才得到证实，目前此方法还不成熟，有待于进一步的研究；卤化 CVD 法金刚石沉积，该方法是 Syitsyn 和 Deryagin 在 1980 年首次报道的，通过热分解 CBr_4 和 CI_4 等卤化物在金刚石衬底上沉积金刚石薄膜；磁旋共振等离子体 CVD 法等。此外，也可以使用多种方法结合起来制备金刚石薄膜。其目的也是要快速、大面积沉积高质量的金刚石薄膜。金刚石制备方法的不断进步和完善使金刚石薄膜的广泛应用成为可能，而在不同领域对金刚石应用的不同要求也促进了金刚石薄膜制备技术的不断发展。

8.1.3　金刚石薄膜的性能

金刚石薄膜除了具有与天然金刚石相同的晶体结构。也具有高硬度、高耐磨、宽的禁带宽度、宽的光波透过性、耐腐蚀等特性。但其特性强烈依赖于制备方法和沉积条件，并取决于金刚石的纯度和质量、杂质和缺陷的含量、微观形貌等诸多因素，同时也取决于所采用的测量方法。目前，高质量金刚石薄膜的硬度、致密度、热导率、折射率、介电常数等指标已达到或接近天然金刚石，如表 8-4 所示。

CVD 法制备的多晶金刚石薄膜，由于杂质、缺陷、晶界的存在，其电、光、传热等性能一般达不到天然金刚石的水平。CVD 金刚石薄膜电阻率一般在 $10^{12} \sim 10^{14} \Omega \cdot cm$ 范围内，其变化取决于沉积条件，同时与膜中氢含量有关。CVD 金刚石薄膜若含有氢成分，部分氢处于电激活状态，会导致电阻率下降。CVD 金刚石薄膜室温下的热导率约为 $500 \sim 2000W/m \cdot K$，受到金刚石晶界、形貌和非金刚石碳相影响。

表 8-4 CVD 合成金刚石与单晶金刚石比较

性　质	CVD 金刚石	单晶金刚石
密度/g·cm^{-3}	2.8~3.51	3.515
热熔/J·mol^{-1}·K^{-1}（27℃）	6.12	6.195
热导率/W·m^{-1}·K^{-1}（25℃）	2100	2200
热膨胀系数/×10^{-4}·℃$^{-1}$（25~200℃）	~2.0	0.8~1.2
禁带宽度/eV	5.45	5.45
电阻率/Ω·cm	10^{12}~10^{14}	10^{16}
介电常数	5.6	5.7
饱和电子速度/×10^{7}cm·s^{-1}	2.7	2.7
电子迁移率/cm^2·v^{-1}·s^{-1}	1350~1500	2200
空穴迁移率/cm^2·v^{-1}·s^{-1}	480	1600
维氏硬度/GPa	50~100	57~104
折射率/10μm	2.34~2.42	2.4

金刚石的功能主要体现在 6 个方面：

（1）其导热性约为硅材料的 2 万倍，它将取代硅材料制造新一代计算机，同时抗酸碱、低辐射、抗高温，使计算机能够在恶劣环境下进行工作。

（2）它的成功开发将使现有应用的电子元器件更新 50%。

（3）利用其高硬度和优异的光学性质组合还可以开发出永不磨损的摄像机、照相机等各种红外光学镜头。

（4）应用于航空航天技术，开发各种高质量的密封件、热沉材料等。

（5）加工各种超硬材料。

（6）极省电，目前还只在美日两国使用。

8.1.4　金刚石薄膜的应用

金刚石薄膜具有独特和优异的光学特性、电气特性、化学特性和机械特性，在高技术和未来工业中有着广泛而潜在的用途，被人们称为是二十一世纪的材料。目前，低压合成金刚石薄膜的理论、生长技术、应用开发等方面的研究进展的非常迅速。此外，CVD 法大大降低了金刚石的生产成本，同时 CVD 金刚石薄膜的品质逐渐赶上甚至在一些方面超过天然金刚石，使得金刚石薄膜广泛用于工业的许多领域。

8.1.4.1　在机械方面的应用

金刚石薄膜在机械方面的应用主要是工具和涂层领域，如作刀具、模具及耐磨器件上的涂层。随着科技的发展，需要大量加工和使用轻量化、高强度的材料。由于金刚石具有高硬度、耐磨损、耐腐蚀、抗高温和低摩擦系数等优点，可制备高性能工具和高强度耐磨材料。具有最高硬度的金刚石制成的刀具所显示出来的长寿命、高加工精度、高加工质量等优越性是十分显著的。将金刚石薄膜直接沉积在刀具表面不仅价格大大低于聚晶金刚石刀具，而又可以制备出具有复杂几何形状的金刚石涂膜刀具，在加工非铁系材料领域具有广阔的应用前景。例如将金刚石薄膜镀在刀具或钻头上不但可提高工具寿命十倍到几十倍而且工作效率也有显著的提高。金刚石涂层工具可分为两种：一种是金刚石厚膜工具，它通过焊接而避免了结合力的困扰，目前生产工艺已经成熟，并逐步商业化；另一种是金刚石薄膜涂层工具，但由于结合力的问题没有很好的解决，迟迟没能推向市场。近年来学者们针对结合力问题作了大量的研究并已取得了显著的成绩。另外，金刚石膜还可用在汽车发动机上，可大大提高缸套的使用寿命。由于金刚石的无毒性和与细胞、血液的相容性，在医学上使用有金刚石涂层的钛合金人工骨代替不锈钢人工骨，其重量轻，寿命长，与人体肌肤亲和力好。此外，金刚石膜还可用在录放音磁头和磁盘上作为保护层，其寿命可延长 3~5 倍。

8.1.4.2　在光学应用领域的应用

金刚石从真空紫外光波段到远红外光波段对光线是完全透明的。并具有高硬度、高热导、强的抗辐射损伤，极好的耐热冲击性能，因此金刚石是最好的光学材料。金刚石膜作为光学涂层具有良好的应用前景，在军事上可用作红外光学窗口和透镜的保护性涂层，在民用方面可用作在恶劣环境（如冶金，化工等）下工作的红外在线监测和控制仪器的光学元件涂层。例如在军事领域，金刚石膜作为超音速新型拦截导弹的头罩；机（车、船）载红外热成像装置或其他光学装置的窗口或窗口保护层；在战场恶劣环境下工作的红外光学装置的窗口或窗口保护层。因为金刚石膜在高功率下使用时窗口的温度比其他材料窗口小得多，所以热透镜效应几乎可以忽略不计。因此在民用方面主要用在恶劣工作环境条件下工作的红外光学装置的窗口或窗口保护层。此外，金刚石薄膜又是很好的光学增透膜，在 2.5~12m 波段有显著增透效果，这样可以使太阳能电池的效率提高 60%，若在相机中采用金刚石膜作为增透膜一举两得，既增透又起保护作用，镜头就不再怕擦拭了。由于金刚石薄膜在光谱蓝区有一被人们称之为"A 带"的发光带，加之金刚石薄膜有良好的掺杂性、宽的带隙，被认为是理想的制备蓝色波段电致发光器件的材料，研究者们对此也做了大量的工作，并取得了显著的成绩。

8.1.4.3　在热学方面的应用

主要是作热沉或散热片，用于大功率激光器件、微波器件、高集成电子器件的理想散热材料。由于金刚石具有高的热导率（为铜的 5 倍）、高绝缘电阻和极低热膨胀系数等特性，因而作为大功率激光器件、微波器件、大功率集成电路等高功率密度电路元件的散热材料，从而提高这些器件的功率寿命。近年来国内在大面积高热导率级别金刚石自支撑膜的制备方面取得了较大进展，已有能力制备 8~19W/(cm·K) 的各种热导率级别的金刚石热沉片。

8.1.4.4　在声学应用领域的应用

金刚石薄膜具有很好的音频特性，其纵波声速是自然界所有材料中最大的，用其制作高频声表面波（SAW）器件的技术要求大大降低，而且还解决了高频器件的一些技术难题。另外，金刚石薄膜具有高的弹性模量，有利于声学波的高保真传输，是制作扬声器高频振膜最理想的材料。

扬声器要有更好的音质，扬声器振动膜的材料必须满足重量要轻、弹性模量大，有适当的内部损失等特点。随振动膜的材料不断更新，由最早的纸膜变成铝膜、碳纤维膜、陶瓷膜、钛膜、铁膜等，使再生频带变宽，音质更好。金刚石膜的杨氏模量是所有材料中最高的，密度也不大，多晶的金刚石膜，其晶界正是造成内部损失的地方，所以成为制作扬声器最理想的材料。

8.1.4.5 在电子学领域的应用

金刚石半导体材料具有宽禁带、高热导率、高临界击穿电场、低的介电常数以及很高的载流子迁移率。

目前已经研制成功的金刚石薄膜半导体器件有肖特基二极管和场效应管等。另外，在作为冷阴极和电子发射装置方面的应用也具有很大的潜力，由于金刚石具有负电子亲和势，在低电场下具有比其他场发射材料更低的功函数与阈值电场，是一种非常理想的电子场发射材料，特别适合在平板显示器等真空微电子器件中应用。金刚石肖特基二极管可以在高温下仍表现出良好的整流接触特性。虽然目前已通过 CVD 方法成功研制出许多场效应管，可在高温、高压下工作，而且很多性能优于硅器件，但由于工艺限制，实验结果远低于其理论值。

从脉冲辐射的角度看，用其制成的辐射探测器具有漏电流小、灵敏度易于标定、时间响应快、可用于亚纳秒测量等优点，并且性能十分稳定，灵敏区厚度不像其他材料探测器那样随时间的变化而变化，因而是一种理想的探测器。金刚石辐射探测领域包括紫外光、X 射线、α 粒子等。金刚石薄膜除了具有压阻效应外，还具有热敏电阻效应，适应温度范围广，响应时间短等特点，因此金刚石薄膜可制成温度传感器。目前已试验成功的金刚石传感器件有压力传感器、温度传感器，还有微加速度传感器等。

虽然金刚石薄膜在应用研究方面取得了很大的进展。但就目前来说，要实现金刚石薄膜的产业化仍存在着不少困难和技术障碍，需要我们去做更深入的研究，希望金刚石薄膜在不久的将来能大规模地进入产业化。

8.2 碳 分 子 筛

碳分子筛（Carbon Molecular Sieves，CMS）是在 20 世纪末期发展起来的一种具有较为均匀微孔结构的碳质吸附剂，是一种优良的非极性炭素吸附剂材料。其主要成分为元素碳，外观为黑色柱状固体如图 8-4 所示。它具有接近被吸附分子直径的楔形狭缝状微孔，能够把立体结构大小有差异的分子分离开来。CMS 是分子筛系列产品的一个新系列，它和沸石分子筛的孔隙结构不同，表面极性也存在较大的差异，因此筛分作用也不同。

CMS 的孔径主要由 1 nm 以下的微孔和少量大孔组成，孔径分布均匀，具有很高的化学稳

图 8-4　PSA 制氮用碳分子筛

定性和气体选择性。因为 CMS 的这些性质，利用其作为吸附剂采用高压吸附技术进行气体分离是 CMS 的主要应用领域。其应用前景广泛的分布于环境保护、化学工业、食品加工、湿法冶金、药物精制和石油化工等行业。

碳分子筛的发展历史较短，1948 年，Emmett 发现热解偏二氯乙烯和氯乙烯（以 9：1 的比例混合）的碳化物具有筛分作用。20 世纪 70 年代初，前西德开发成功用于变压吸附空分制氮的煤基 CMS，目前仍处于国际领先地位。20 世纪 70 年代末我国开始对 CMS 的研究。大连理工开发的煤基 CMS 制备技术于 1992 年在浙江长兴成功地实现工业化生产，工业化产品的质量稳定，性能达到国际上居垄断地位的德国、日本 CMS 的水平，产品得到广泛应用，标志着我国碳分子筛制备技术达到国际水平。

8.2.1　碳分子筛结构与性质

8.2.1.1　碳分子筛的分离原理

碳分子筛的吸附分离原理是基于动力学效应。因为其孔径分布可使不同的气体以不同的速度扩散进入其中的孔隙中，而不会排斥混合气体中的任何一种气体。在分子筛吸附杂质气体时，大孔和中孔只起到通道的作用，将被吸附的分子运送到微孔和亚微孔中，微孔和亚微孔才是真正起吸附作用的容积。碳分子筛内部包含有大量的微孔，这些微孔允许动力学尺寸小的分子快速扩散到孔内，同时限制大直径分子的进入。由于不同尺寸的气体分子相对扩散速率存在差异，气体混合物的组分可以被有效地分离。

8.2.1.2　碳分子筛的气孔结构

碳分子筛中的气孔存在大孔、中孔和微孔。碳分子筛的大孔直接与外界相通，中孔从大孔分支出来，微孔从中孔分支出来，只有少数微孔与外界相通。在分离过程中，大孔主要起运输作用，微孔则起分子筛的作用。碳分子筛与其他分子筛的区别在于，其微孔孔径分布均匀，其直径与被分离的气体分子直径相当。

8.2.1.3　碳分子筛与活性炭的区别

碳分子筛与活性炭的主要区别在于孔径分布和孔隙率不同，如图 8-5 所示。CMS 的孔隙率远低于活性炭，其孔隙以微孔为主，微孔孔径分布集中在 $0.3 \sim 1.0$nm 的狭窄范围内，微孔的入口形状为狭缝平板形，孔容一般小于 0.25cm^3/g，其中，微孔体积占 CMS 全部孔隙体积的 90% 以上。理想的 CMS 应全部为微孔，其具体的尺寸大小因分离目标的不同而有所差异。

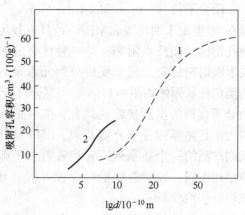

8.2.1.4　碳分子筛与沸石类分子筛的区别

碳分子筛与沸石类分子筛的区别的主要

图 8-5　碳分子筛与活性炭的孔径分布
1—活性炭；2—CMS

表现在以下几个方面：

（1）CMS的吸附分离是基于动力学效应，因为其孔径分布可以使不同的气体以不同的速度扩散进入其内部孔道，因而不会排斥混合气中的任何一种气体。而沸石分子筛的吸附分离则是基于位阻效应，即只有小的并具有适当形状的分子才能扩散进入吸附剂的内部孔道，其他分子则都被阻挡在外。

从这个角度讲，CMS的择形性能总是不如沸石分子筛。CMS在分离空气时优先吸附氧，而沸石分子筛在空分时则优先吸附氮。

（2）CMS是非极性的吸附剂，具有疏水性，用于气体分离时，对原料气干燥的程度要求不高。沸石分子筛是一种由硅铝酸盐（Si-O-Al）构成的水合结晶型极性材料，沸石分子筛具有独特的规整晶体结构，其中每一类沸石都具有一定尺寸、形状的孔道结构，并具有较大的比表面积。大部分沸石分子筛表面具有较强的酸中心，同时晶孔内有强大的库仑场起极化作用。

（3）CMS的孔隙有一定的分布范围且形状多样、不太规则，微孔入口形状多为狭缝平板形。而沸石类分子筛中的孔隙大小单一，孔隙入口呈圆形或椭圆形。

8.2.2 碳分子筛制备

8.2.2.1 碳分子筛制备原料

选择碳分子筛原料时要考虑原材料的灰分、挥发分、含碳量等因素。因此选择灰分含量低、碳含量高和挥发分比较高的含碳原材料是制备高性能的碳分子筛的关键。用于制造CMS的原料非常广泛，从天然产物到合成的高分子聚合物如煤、木材、果壳、石油焦、沥青、碳纤维等均可用来制造CMS。这些制备材料种类主要有三类：

（1）各种不同煤化程度的煤（包括泥煤、褐煤、长烟煤、烟煤、无烟煤等）从煤化程度低的泥煤到优质的无烟煤及它们的混合物均可作为原料。煤的衍生物主要包括煤的氢化液化产物和煤低温干馏的煤焦等。石油深加工产物如石油焦、沥青。

（2）天然植物，主要是植物的核或坚果壳，如核桃壳、木料、椰子壳等各种果壳以及植物纤维素。

（3）有机高分子聚合物，如酚醛树脂、萨兰树脂、芳香族聚酰胺纤维等。

煤炭和生物质是来源广、价格低廉的含碳原材料，而沥青和石油焦则是价格低廉的化工副产品。

活化是制备CMS的一个不可或缺的工艺步骤，选择活化剂需要根据所用原料及采用的工艺路线来决定。常用的活化剂有水蒸气、空气、CO_2、KOH、$ZnCl_2$、H_3PO_4等。

8.2.2.2 碳分子筛制备方法

碳分子筛的制备工艺因原材料的不同而存在差异。以煤、植物、高分子聚合物为原料的、粒状的技术路线基本相似。可概括以下几个步骤：（1）原料粉碎；（2）预处理；（3）加胶黏剂捏合成型；（4）干燥；（5）碳化；（6）调整孔径分布。

首先将原材料先加工后粉化，然后与基料糅合，基料主要是增加强度，防止破碎粉化的材料；然后是活化造孔，活化一般是在773~1273K（包括物理活化和化学活化）的温度范围内通入活化剂进行，常用的活化剂有水蒸气、二氧化碳、氧气以及它们的混合气。在此阶段，它们与较为活泼的无定型碳原子进行热化学反应，挥发性物质即小分子从碳质基体中的孔道逃逸，以扩大比表面积逐步形成孔洞，活化造孔时间从 10~60min 不等；产生新的孔隙使表面积不断增大，在此阶段，碳质基体表面、边缘活泼的碳原子与氧化性气氛发生反应形成孔隙、或使封闭的孔得以打开。最后为孔结构调节，利用化学物质的蒸气，如苯在碳分子筛微孔壁进行沉积来调节孔的大小，使之满足要求。

A　碳化法

碳化法是在惰性气氛保护下，满足一定的热解条件将成型碳料炭化的方法。其原理是在高温状态下含碳材料中的部分不稳定基团与键桥等产生复杂的热分解反应和热聚合反应，使得孔径得到扩张和紧缩，使炭化产物的孔隙得以拓展。在碳化过程中，挥发性小分子（CO、CO_2）从含碳材质基体中的分子孔道逸出，从而形成了孔隙结构，比表面积也跟着变大。碳化法适合原料挥发分较高、原料孔隙率很低的情况，用炭化工艺来去除挥发分，达到形成其孔隙结构和增大比表面积的目的。

碳化法制备碳分子筛，其方法简单、成本低，但对原材料要求很高，国外大多采用树脂材质，国内一般使用椰子壳、山楂核、桃核壳等挥发分高的材质。但缺点是对设备损耗严重，环境污染较大。一般情况下，简单的碳化法制备的碳分子筛气体分离效果不好，对于分离要求高的碳分子筛，则还需进行进一步的活化或碳沉积等工艺。

B　气体活化法

气体活化法是成型原料碳化后接着在活性介质条件下缓慢加热处理的方法，目的是为了发展其孔隙结构，进一步增加碳分子筛的表面积，得到孔隙结构发达的碳分子筛，一般适用于气孔率低并且挥发分较低的原料。常用的活化剂有空气、氧气、水蒸气（工业生产常用）和二氧化碳等。主要特点是在活化剂和适当温度（500~1000℃）下，碳化制备后的半成品表面不稳定的碳与活化剂发生化学反应，形成新孔或使原来的无效孔形成有效孔，进而增大了比表面积，使孔容增大，吸附容量也会进一步提升。

C　碳沉积法

碳沉积法的基本原理是采用有机高分子化合物或烃类气体分子在加热条件下裂解析出游离碳，沉积在碳分子筛过大的孔入口处，使孔径缩小并趋向均一化，从而达到调整微孔孔径的目的。根据沉积物和沉积方法的不同，碳沉积可以分为气相沉积（CVD）和液相沉积（LVD）。CVD 是多孔材质在 400℃ ~900℃高温下，吹入含烃类的气体（包括饱和烃如甲烷、丙烷、丁烷等；不饱和烯烃如乙烯、异丁烯和苯、甲苯、苯乙烯的气化产物），停留几分钟至几十分钟，随着烃发生分解反应，分解产物在多孔材料细孔的壁上附着，进而降低了产品直径大小。LVD 是把多孔材质浸渍在液态烃类或高分子化合物溶液（如苯、酚醛树脂溶液、煤焦油）之后，在高温条件下再进行炭沉积来调节孔径的过程。

8.2.3　碳分子筛的应用

碳分子筛的孔隙结构、表面性质、机械特性、化学稳定性决定了它在工业水处理、化学石油工业、食品卫生、医疗制药及环境保护等领域的气体分离提纯、废水除杂净化、催化剂及催化载体等方面具有广阔的应用前景。

8.2.3.1 气体分离与提纯

碳分子筛在气体分离提纯领域的应用包括制氮、制氧、回收与精制氢、回收 CO_2、低浓瓦斯浓缩 CH_4。此外，碳分子筛还可以用于处理工业有毒有害气体，去除气体杂质，净化装潢装修后的室内环境。

8.2.3.2 液体分离除杂质

在食品、制药和工业水处理时，利用碳分子筛的吸附作用来去除液体中的微量杂质和进行脱色等操作。

8.2.3.3 催化应用

CMS 独特的孔隙结构、机械特性决定了它可以直接用作催化剂，如以碳分子筛膜作催化剂用在精细化工生产中可以有效地合成 α、β 和不饱和腈。$COCl_2$ 的合成、SO_2Cl_2、氯化烯烃和烯烃的合成等在工业上被广泛使用。也可以用作催化剂载体，其具有高的比表面和孔隙率，较强的耐酸碱性和高温稳定性等优势，因此，碳分子筛负载酸，负载金属等应用越来越广泛。

 复习思考题

8-1 金刚石薄膜有哪些结构特征？

8-2 金刚石薄膜主要的制备方法有哪些？

8-3 金刚石薄膜有哪些性能，可以应用在哪些行业？

8-4 什么是分子筛，有何用途？

8-5 碳分子筛与其他分子筛有何不同？

8-6 碳分子筛如何制备？

8-7 碳分子筛可以应用到哪些领域？

附 录 1

日本东丽典型炭纤维参数

纤维类型	纤维量	抗拉强度			弹性模量			伸长率	密度
		ksi	MPa	kgf/mm²	msi	GPa	kgf/mm²	%	g/cm³
T300	1000 3000 6000 12000	512	3530	360	33.4	230	23500	1.5	1.76
T300J	3000 6000 12000	611	4210	4430	33.4	230	23500	1.8	1.78
T400H	3000 6000	640	4410	450	36.3	250	25500	1.8	1.80
T600S	24000	597	4120	420	33.4	230	23500	1.9	1.79
T700S	6000 12000 24000	711	4900	500	33.4	230	23500	2.1	1.80
T700G	12000 24000	711	4900	500	34.8	240	24500	2.0	1.78
T800H	6000 12000	796	5490	560	42.7	294	30000	1.9	1.81
T1000G	12000	924	6370	650	42.7	294	30000	2.2	1.80
M35J	6000 12000	683	4700	480	49.8	343	35000	1.4	1.75
M40J	6000 12000	640	4410	450	54.7	377	38500	1.2	1.77
M46J	6000 12000	611	4210	430	63.3	436	44500	1.0	1.84
M50J	6000	597	4120	420	69.0	475	48500	0.8	1.88
M55J	6000	583	4020	410	78.2	540	55000	0.8	1.91
M60J	3000 6000	569	3920	400	85.3	588	60000	0.7	1.94
M30S	18000	796	5490	560	42.7	294	30000	1.9	1.73
M30G	18000	739	5100	520	42.7	294	30000	1.7	1.73
M40	1000 3000 6000 12000	398	2740	280	56.9	392	40000	0.7	1.81

附 录 2

杂化轨道理论

1. 杂化轨道

原子在形成分子时，为了增强成键能力，使分子的稳定性增加，趋向于将不同类型的原子轨道重新组合成能量、形状和方向与原来不同的新原子轨道，这种重新组合称为杂化，杂化后的原子轨道称为杂化轨道，如附图1所示。

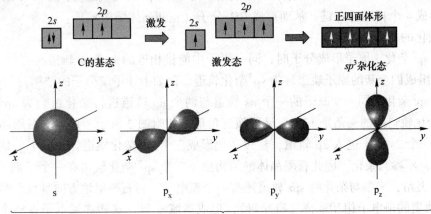

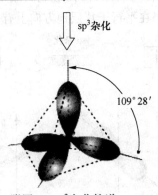

附图1　sp^3杂化轨道

需要注意的是：

（1）只有能量相近的轨道才能相互杂化。

（2）形成的杂化轨道数目等于参加杂化的原子轨道数目。

（3）杂化轨道成键能力大于原来的原子轨道。因为杂化轨道的形状变成一头大一头小了，用大的一头与其他原子的轨道重叠，重叠部分显然会增大。

（4）杂化轨道只用于形成 σ 键或者用来容纳未参与成键的孤对电子。

（5）未参与杂化的 p 轨道，可用于形成 π 键。

（6）利用中心原子的杂化轨道类型可直接判断分子的立体构型。

（7）分子中未成键的孤对电子对成键电子对的排斥力比成键电子对之间的排斥力大，因此分子中键角与杂化轨道键角有所不同。如 H_2O 的键角是 $105°$，NH_3 分子中 N–H 键的键角是 $107°$。

2. 杂化过程

杂化轨道理论认为在形成分子时，通常存在激发、杂化和轨道重叠等过程。如 CH_4 分子的形成过程：C 元素的原子序数为 6，相对原子质量为 12.01，IVA 族，电子分布状态为 $1s^2 2s^2 2p^2$。碳原子的 2s 轨道中 1 个电子吸收能量跃迁到 2p 轨道上，这个过程称为激发，但此时各个轨道的能量并不完全相同，于是 1 个 2s 轨道和 3 个 2p 这 4 个轨道会发生混杂，混杂时保持轨道总数不变，得到 4 个能量相等、成分相同的 sp^3 杂化轨道。然后这 4 个 sp^3 杂化轨道上的电子相互排斥，使 4 个杂化轨道指向空间距离最远的正四面体的 4 个顶点，夹角 $109° 28'$，如附图 2 所示。碳原子的 4 个 sp^3 杂化轨道分别于 4 个 H 原子的 1s 轨道形成 4 个相同的 σ 键，从而形成 CH_4 分子（正四面体结构）。

3. 杂化的类型

（1）sp^3 杂化。原子形成分子时，同一原子中能量相近的一个 ns 轨道与三个 np 轨道进行混合组成四个新的原子轨道称为 sp^3 杂化轨道。例如上述甲烷分子的结构。

（2）sp^2 杂化。同一个原子的一个 ns 轨道与两个 np 轨道进行杂化组合为 sp^2 杂化轨道。sp^2 杂化轨道间的夹角是 $120°$，呈平面三角形，如附图 2 所示。例如，石墨晶体的结构。C 的一个 2s 电子进入 2p 轨道，经过杂化形成三个 sp^2 杂化轨道，另一个 p 轨道含有剩余电子，不参与杂化。因此石墨晶体的结构由于三个 sp^2 杂化轨道在一个平面上，C–C 键呈 $120°$ 夹角，未参与杂化的 spz 轨道还有一个孤电子，与石墨层地方向垂直，每个碳原子的 sp^2 轨道的孤电子相互重叠（肩并肩），形成离域 π 键，这些离域电子在整个碳原子平面内自由移动，导致了石墨在平行于片层地方向上有良好的导电性，如附图 3 所示。

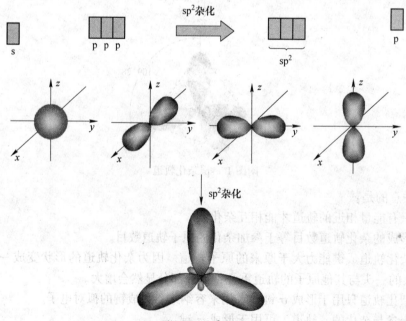

附图 2　sp^2 杂化

附图 3　石墨 sp^2 杂化

（3）sp 杂化。同一原子中 ns−np 杂化成新轨道：一个 s 轨道和一个 p 轨道杂化组合成两个新的 sp 杂化轨道。sp 杂化轨道间的夹角是 180°，呈直线形，如附图 4 所示。例如 $BeCl_2$ 分子的结构。Be 原子的电子层结构是 $1s^2 2s^2$。激发态下，Be 的一个 2s 电子可以进入 2p 轨道，经过杂化形成两个 sp 杂化轨道，与氯原子中的 3p 轨道重叠形成两个 sp-pσ 键。由于轨道间夹角为 180°，所以形成的 $BeCl_2$ 分子的空间结构是直线形的。

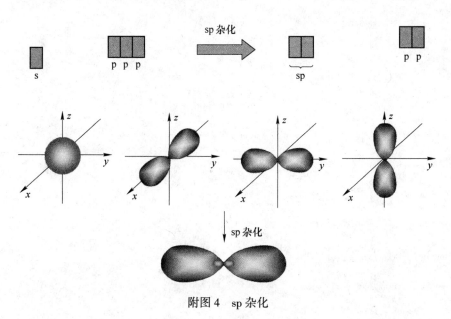

附图 4　sp 杂化

参 考 文 献

［1］ 黄启忠．高性能炭/炭复合材料的制备、结构与应用［M］．长沙：中南大学出版社，2010．

［2］ 梁大明，孙仲超．煤基炭材料［M］．北京：化学工业出版社，2011．

［3］ 刘海洋．PAN 基碳纳米纤维杂化复合材料及其生物特性研究［D］．北京化工大学，2010．

［4］ 沈曾民，等．活性炭材料的制备与应用［M］．北京：化学工业出版社，2006．

［5］ 吴超．聚丙烯腈基炭纤维催化石墨化的研究［D］．湖南大学，2008．

［6］ 沈曾民，等．新型碳材料［M］．北京：化学工业出版社，2003．